Isaac Asimov

ASIMOV S´EXPLICA
100 PREGUNTES BÀSIQUES SOBRE LA CIÈNCIA

Traducció de Montserrat Tortosa

La Magrana

La primera edició d'aquesta obra va ser publicada dins la col·lecció L'Esparver Ciència el setembre de 1992.

Primera edició a L'Esparver: març de 2002

Disseny de la coberta: Compañía de Diseño

Títol original: *Please explain*

Edicions de la Magrana, SA
Pàdua, 83 - 08006 Barcelona
Telèfon: 93 417 30 00. Fax: 93 417 01 06

Imprès a Romanyà/Valls, Capellades
Ref. MAG-686
ISBN: 84-8264-390-8
Dipòsit legal: B. 8.078-2002

Isaac Asimov, que gaudeix a tot el món d'una reputació com a escriptor de temes diversos, està en el seu millor moment quan deixa clares les complexitats de la ciència al lector profà. Quan Isaac Asimov ho explica, el lector ho entén.

Aquí el Dr. Asimov respon un centenar de preguntes que li van ser proposades al llarg dels anys a la seva columna de SCIENCE DIGEST.

Què és la quarta dimensió? Pot comprimir-se, l'aigua? Com va començar la vida? Què hi ha de noble en els gasos nobles? S'està parant l'univers? Qui, segons la seva opinió, ha estat el més gran científic que mai ha existit? Isaac Asimov no se'n deixa cap. Les respon totes d'una manera clara i entusiasta.

PLEASE EXPLAIN abasta moltes disciplines científiques, de la química a la biologia, de la física a l'astronomia. Els seu 100 assaigs curts, completament classificats, són un valuós tresor d'informació, que atreu qualsevol que estigui interessat en la ciència i alguns que encara no la coneixen.

Taula de continguts

5. Quina és la diferència entre els nombres ordinaris i els nombres binaris i quins són els avantatges de cadascun?

6. Què són els nombres imaginaris?

7. Què són els nombres primers i per què els matemàtics hi estan interessats?

8. Què passaria si una força irresistible es trobés amb una força inamovible?

9. Quantes partícules hi ha a l'univers?

10. D'on va venir la substància de l'univers? Què hi ha més enllà del límit de l'univers?

11. Per què es parla de la «baixa temperatura de l'espai»? Com pot tenir temperatura l'espai buit?

12. Què és la pols còsmica i d'on ve?

13. Què són els pulsars?

14. Hom diu que un centímetre cúbic d'una estrella de neutrons pesa milers de milions de tones. Com és possible?

15. Què és un forat negre?

16. A quina temperatura pot arribar una estrella?

17. Fins a quin límit pot produir-se fusió dins d'una estrella?

18. Què passa amb tota l'energia emesa per totes les estrelles?

19. Què és el vent solar?

20. Durant quant temps serà capaç el Sol de mantenir vida sobre la Terra?

21. Si la temperatura de la superfície del Sol és tan elevada que està candent, per què les taques solars són negres? Per ser negres haurien d'estar fredes i com pot estar freda una cosa que està en el Sol?

22. Per què tots els planetes estan aproximadament en el mateix pla orbital?

23. Com i per què Plutó és diferent de tots els altres planetes?

24. Per què els cometes tenen cua?

25. Per què la Lluna sempre manté la mateixa cara orientada cap a la Terra?

26. Què són les concentracions de massa que han estat descobertes a la Lluna?

27. Ara que ja hem estat sobre la Lluna sis vegades diferents, què n'hem descobert?

28. Hi ha vida a Mart?

29. Suposem que a Mart hi hagués formes de vida senzilles. Val realment la pena anar fins allà només per veure-les?

30. Com i quan es van formar els oceans?

31. Els oceans, són cada vegada més salats? Seran algun dia tan salats per matar-hi tota la vida?

32. Hi ha realment or a l'oceà?

33. Què passaria si es fongués el gel dels pols?

34. D'on va venir l'aire que respirem?

35. Què és l'efecte hivernacle?

36. Què passa amb les sondes còsmiques planetàries quan han passat per un planeta? A on van?

37. Com s'acabarà la Terra?

38. Què és un físic teòric i quin tipus de treball fa?

39. El temps, és una il·lusió o existeix realment? Com el descriuria?

40. Quina és la unitat de temps més petita possible?

41. Què és la quarta dimensió?

42. Què vol dir espai corbat?

43. A moltes històries de ciència-ficció llegeixo sobre «camps de forces» i «hiperespai». Què són aquestes coses, existeixen realment?

44. Què és la antigravetat? Com pot ser estudiada?

45. Quina és la velocitat de la gravitació?

46. Què és la teoria del camp unificat?

47. Què és, breument i simplement, la teoria de la relativitat d'Einstein?

48. Per què la matèria no pot moure's més ràpid que la velocitat de la llum? (Primera part).

49. Per què la matèria no pot moure's més ràpid que la velocitat de la llum? (Segona part).

50. Les partícules que es propaguen més ràpides que la velocitat de la llum emeten llum. Com és possible això si no hi ha res que pugui moure's més ràpid que la llum?

51. Si no hi ha res més ràpid que la llum, què són els taquions, que hom suposa que es mouen més ràpids que la llum?

52. Els taquions amb energia zero es mouen a velocitat infinita. És realment possible la velocitat infinita?

53. Què és el principi d'indeterminació de Heisenberg?

54. Què és la paritat?

55. Per què parlem de la semivida d'un isòtop, per què no de la seva vida sencera?

56. Per què els científics troben tantes partícules subatòmiques noves i quina és la seva importància?

57. Què és un quark?

58. S'ha dit que els protons estan constituïts per combinacions de tres quarks, i també que un quark té una massa que és trenta vegades la del protó. Com poden ser certes ambdues afirmacions?

59. A la bomba atòmica, es converteix matèria en energia. És possible fer-ho a l'inrevés i convertir energia en matèria?

60. Produeixen antienergia les antipartícules?

61. En què difereixen les propietats dels neutrins i dels raigs còsmics?

62. Quina perillositat representen els raigs còsmics per als homes a l'espai?

63. Els neutrins són matèria o energia?

64. Com funciona una cambra de bombolles?

65. Què és un reactor reproductor?

66. Quina temperatura ha de tenir l'hidrogen i durant quant temps per fer que una reacció de fusió es mantingui per si sola?

67. Com funciona un microscopi electrònic?

68. Què és l'entropia?

69. S'està parant l'univers?

70. Quina connexió hi ha entre l'entropia i l'ordre?
71. Quina connexió hi ha entre l'entropia i el temps?
72. Si l'univers s'està parant constantment, com se li va donar corda al començament?
73. Les ones de ràdio i també les ones de llum s'utilitzen per «veure» coses a l'espai. Hi ha altres tipus d'ones mitjançant les quals poguem «veure-hi»?
74. A mesura que s'escalfa una substància, fa claror vermella, després carbassa i després groga. Però llavors es torna blanca. Per què no va seguint l'espectre i es torna verda incandescent?
75. Què és la llum polaritzada?
76. La llum, pot fer força sobre la matèria?
77. La llum vermella és la que canvia menys en passar a través d'un prisma, i la que més canvia en passar a través d'una xarxa de difracció. Per què la diferència?
78. Què passa amb l'energia quan dos feixos de llum interfereixen i es produeix foscor?
79. Què és l'efecte de Coriolis?
80. El so es propaga més de pressa en les substàncies denses com l'aigua o l'acer que en l'aire; encara que es propaga més de pressa en l'aire calent que en l'aire fred, i l'aire calent és menys dens que l'aire fred. És una paradoxa això?
81. Els vaixells, s'enfonsen del tot fins al fons del mar, o arriba un punt que la pressió els para i no poden anar més avall?
82. Quins són els elements químics més actius i per què?
83. Què tenen de noble els gasos nobles?
84. Per què es formen els cristalls i per què sempre ho fan sota una certa forma?
85. Pot comprimir-se l'aigua?
86. Què és l'hidrogen metàl·lic? Com pot ser un metall, l'hidrogen?
87. Què és aquesta «poliaigua» que se sent anomenar? També és H_2O, així doncs què és el que la fa diferent?

88. Per què l'aigua es dilata en congelar-se?
89. Què són les piles de combustible? Quins avantatges presenten en generar electricitat?
90. Què són les vitamines i per què les necessitem?
91. Com va començar la vida?
92. És possible una vida de silici?
93. Per què es van extingir els dinosaures?
94. Quina és la diferència entre un cervell i una computadora? Pot pensar una computadora?
95. Quina és la velocitat del pensament?
96. Què es vol dir amb «rellotges biològics» i com funcionen?
97. Quina és la diferència entre bacteris, microbis, gèrmens i virus?
98. Com es van descobrir els virus?
99. Per què les cèl·lules de la sang són reemplaçades cada pocs mesos mentre que la majoria de les cèl·lules del cervell duren tota la vida?
100. Quina és la finalitat de l'envelliment?

INTRODUCCIÓ

Cap al 1965, l'estimable revista «Science Digest» va començar un apartat nou amb el títol de «Please Explain»[1]. El seu propòsit era el de seleccionar preguntes d'entre les que enviessin els lectors i contestar-les en unes 500 paraules.

La revista em va demanar si podria respondre de tant en tant una pregunta per una quantitat raonable de diners. «Bé» vaig respondre dubitativament «una pregunta de tant en tant».

Ho hauria d'haver endevinat. La pregunta de tant en tant va esdevenir mensual i l'apartat «Please Explain» va esdevenir «Isaac Asimov Explains»[2] (Per tal d'evitar el perill possible de la meva reconeguda modèstia, el canvi va ser dut a terme sense consultar-me). Abans d'adonar-me'n hi havia estat vuit anys i havia acumulat un centenar de preguntes.

I llavors qui podia resistir-se a col·leccionar els assaigs i fer-ne un llibre? Jo no! I tampoc Houghton Mifflin!

Com que les respostes que se'm demana que doni depenen de les preguntes que fan els lectors, els assaigs no estan distribuïts uniformement per tot el camp de la ciència. Els lectors estan interessats profundament en la física teòrica per alguna raó, i són particularment nom-

1. «Expliqui, per favor»
2. «Isaac Asimov Explica»

broses les preguntes que tracten de la velocitat de la llum i de les partícules subatòmiques.

Consegüentment, hi ha una certa duplicació entre les respostes, i algunes notòries omissions.

Ambdues tenen els seus avantatges. Les duplicacions sorgeixen, en part, perquè he intentat fer que cada resposta sigui completa per ella mateixa en la mesura que sigui possible. D'aquesta manera vostè pot anar a qualsevol pregunta que cridi la seva atenció i llegir el llibre en l'ordre que li agradi.

Pel que fa a les omissions, bé, què hi ha de dolent en el fet que despertin una sana curiositat? Si la curiositat és prou sana, enviï-la com la seva pregunta a «Science Digest». Si tinc la possibilitat (i si en sé prou) li respondré, i d'aquí vuit anys hi podria haver prou material per posar-ho en un llibre de títol *Isaac Asimov Explains Some More*[3]

3. «Isaac Asimov explica alguna cosa més»

1. Què és el mètode científic?

El mètode científic és òbviament el mètode utilitzat pels científics per fer descobriments científics. Tot i així, aquesta definició no sembla gaire útil. Podem entrar-hi en detall?

Bé, es pot descriure una versió ideal del mètode:

1. Reconèixer que un problema existeix —com, per exemple, la qüestió de per què els objectes es mouen com ho fan, accelerant sota certes condicions, frenant en d'altres.

2. Separar i descartar els aspectes no essencials del problema. Per exemple, l'olor d'un objecte no juga cap paper en el seu moviment.

3. Recollir tota la informació que es pugui trobar relacionada amb el problema. A l'època antiga i medieval, això volia dir simplement l'observació profunda de la natura tal com era. Als principis de l'època moderna va sorgir la idea que la natura podia ser-hi ajudada. Hom podia deliberadament dissenyar una situació en la qual els objectes es comportessin de tal manera que donessin dades relacionades amb el problema. Hom podia deliberadament deixar rodar boles cap avall d'un pla inclinat, variant la mida de les boles, la naturalesa de la seva superfície, la inclinació del pla, etcètera. Aquestes situacions dissenyades deliberadament són experiments, i el paper de l'experiment és tan central a la ciència moderna que algunes vegades es parla de «ciència experimental» per a distingir-la de la ciència dels grecs antics.

4. Elaborar, amb totes les dades reunides, alguna gene-

ralització provisional que les descrigui de la manera més simple que sigui possible —algun enunciat curt o alguna relació matemàtica. Això és una hipòtesi.

5. Amb la hipòtesi a la mà, es poden predir els resultats d'experiments que no s'hagi pensat a fer abans. Es proven i es veu si la hipòtesi és vàlida.

6. Si els experiments funcionen tal com s'esperava, la hipòtesi és reforçada i pot adquirir l'estament de teoria o fins i tot de «llei natural».

Cap teoria o llei natural és definitiva, és clar. El procés es repeteix i es repeteix. Noves dades, noves observacions, nous experiments són fets contínuament. Les antigues lleis naturals són constantment reemplaçades per d'altres més generals que explicaran tot el que la llei antiga explicava, i més.

Tot això, tal com dic, és una versió ideal del mètode científic. A la pràctica actual, els científics no necessiten passar-hi com si fossin una sèrie d'exercicis cal·ligràfics i normalment no ho fan.

Més que qualsevol altra cosa, factors com la intuïció, la perspicàcia, i simplement la sort hi prenen part. La història de la ciència és plena de casos de científics que de sobte fan una conjectura genial basada en dades molt insuficients i en poca o cap experimentació i ensopeguen amb una veritat útil que podria haver portat anys d'atènyer amb una aplicació directa i estricta del mètode científic ideal.

F.A. Kekulé va copsar l'estructura del benzè mentre estava endormiscat en un autobús. Otto Loewi es va despertar a mitja nit amb la resposta al problema de la conducció sinàptica. Donald Glaser mentre badava mirant el seu vas de cervesa va tenir la idea de la cambra de bombolles.

Vol dir això que, al capdavall, tot és qüestió de sort i no de cervell? No, no, mil vegades no. Aquest tipus de «sort» només passa als *millors* cervells; només a aquells a qui la seva «intuïció» és la recompensa d'una gran experiència, un profund enteniment i un pensament disciplinat.

2. **Qui, segons la seva opinió, ha estat el més gran científic que mai ha existit?**

Si la pregunta fos «Qui ha estat el segon científic més gran?» seria impossible contestar-la. Com a mínim hi ha una dotzena d'homes que, segons la meva opinió, tindrien el dret del segon lloc. Incloent-hi per exemple, Albert Einstein, Ernest Rutherford, Niels Bohr, Louis Pasteur, Charles Darwin, Galileo Galilei, J. Clerk Maxwell, Arquimedes i altres.

En realitat, és molt probable que no hi hagi un segon científic més gran. Els mèrits de tants són tan bons i la dificultat de distingir nivells de mèrit és tan gran que podríem acabar declarant, diem, un empat de deu o dotze llocs.

Però com que la pregunta és «Qui és el *més gran* ?» no hi ha problema.Crec que la majoria d'historiadors de la ciència declararien que Isaac Newton ha estat la ment científica més gran que el món hagi vist mai.Tenia els seus defectes, Déu ho sap: era un conferenciant de mala qualitat, tenia una mica de covard moral i de ploramiques compadit de si mateix, i a vegades tenia serioses crisis nervioses. Però com a *científic*, no té igual.

Alhora que desenvolupava el càlcul va fundar les matemàtiques superiors. Va fundar l'òptica moderna amb els seus experiments en descompondre la llum blanca en els colors de l'espectre. Va fundar la física moderna en establir les lleis del moviment i deduir les seves conseqüències. Quan va elaborar la llei de la gravitació universal, va fundar l'astronomia moderna.

Qualsevol d'aquestes quatre proeses, agafada tota sola, hauria estat suficient per mostrar-lo com un científic de gran importància. Totes quatre, agafades juntes, el posen en primer lloc sense cap dubte.

No són els seus descobriments tot el que s'ha de dir sobre Newton. La seva manera de presentar-los va ser encara més important.

Els grecs antics havien reunit una formidable col·lecció de pensaments científics i filosòfics. Durant dos mil anys noms com Plató, Aristòtil, Euclides, Arquimedes i Ptolomeu havien sobresortit com gegants sobre les generacions següents. Els més grans pensadors àrabs i europeus tornaven als grecs i a penes gosaven avançar qualsevol noció pròpia sense reforçar-la amb una referència als antics. Aristòtil en particular era el «mestre d'aquells que saben».

Als segles setze i disset, alguns experimentadors com Galileo i Robert Boyle van demostrar que els grecs antics *no* tenien totes les respostes correctes. Galileo va tirar per terra les nocions d'Aristòtil sobre la física, per exemple, fent el treball que Newton més tard va resumir en les seves tres lleis del moviment. Tot i això, els intel·lectuals d'Europa encara no gosaven renunciar als llargament idolatrats grecs.

Llavors va arribar el 1687, quan Newton va publicar en llatí els seus *Principia Mathematica* (el millor llibre científic que mai s'hagi escrit, segons l'opinió de molts científics). En ell, va presentar les seves lleis del moviment, la seva teoria de la gravitació, i moltes altres coses, fent ús de les matemàtiques a l'estricte estil grec i organitzant-ho tot de la manera més impecablement elegant. Aquells que llegien el llibre al final havien d'admetre que hi havia una ment que era igual o superior a qualsevol dels antics, i que la imatge del món que presentava era bonica, completa, i infinitament superior en racionalitat i inevitabilitat que qualsevol de la dels llibres grecs.

Amb aquell home i aquell llibre, la influència dels antics va ser esmicolada i el complex d'inferioritat intel·lectual de l'home modern va ser desfet per sempre.

Després de la mort de Newton, Alexander Pope ho va dir tot en dues línies:

«La Natura i les lleis de la Natura reposaven amagades en la nit:

Déu va dir, Que hi hagi Newton! i tot va ser llum».

3. **Per què dos o més científics, que no coneixen el treball d'un altre, sovint es troben amb la mateixa teoria alhora?**

La manera més simple de contestar aquesta pregunta és dir que els científics no treballen en el buit. Tots ells estan encastats, per dir-ho així, en l'estructura i l'evolució de la ciència, i tots s'enfronten amb els mateixos problemes al mateix temps.

Així, a la primera meitat del segle dinou, el tema de l'evolució de les espècies estava molt «a l'aire». Alguns biòlegs hi estaven acaloradament en contra, mentre que d'altres especulaven àvidament sobre les conseqüències d'aquesta evolució i en buscaven evidències. El fet és, tanmateix, que d'una manera o altra, gairebé tots els biòlegs estaven pensant sobre el tema. El problema clau era aquest:

Si l'evolució existeix, què és el que fa que existeixi?

A Gran Bretanya, Charles Darwin pensava sobre això. A les Índies Orientals, un altre anglès, Alfred Wallace, pensava en el mateix problema. Tots dos havien estat viatgers pel món; tots dos havien fet observacions similars; i tots dos en un punt crucial dels seus pensaments resulta que van llegir un llibre de Thomas Malthus que descrivia els efectes de la pressió demogràfica sobre els éssers humans. Tots dos, Darwin i Wallace van començar a pensar en la pressió demogràfica sobre totes les espècies. Quins individus sobreviurien, quins no? Tots dos van proposar la teoria de l'evolució per selecció natural.

Això no és gens sorprenent, en realitat. Dos homes treballant en el mateix problema de la mateixa manera, enfrontats amb els mateixos fets per observar, i amb els mateixos llibres escrits per altres, poden molt probablement suggerir les mateixes respostes. El que em sorprèn més és que Darwin, Wallace i Malthus tinguin el segon nom amb la mateixa inicial R.

A finals del segle dinou, molts biòlegs intentaven esbrinar els mecanismes genètics. Tres homes, tots ells treballant en el mateix problema al mateix temps i de la mateixa manera, però en tres països diferents, van arribar a la mateixa conclusió. Llavors, però, cadascun d'ells, llegint la literatura anterior, va descobrir que algú altre, Gregor Mendel, havia enunciat les lleis de l'herència trenta-quatre anys abans i havia estat ignorat.

Un dels reptes més grans del 1880 era la producció barata d'alumini. La naturalesa i usos del metall eren coneguts, però era difícil preparar-lo a partir dels seus minerals. Milions de dòlars depenien literalment del desenvolupament d'una tècnica fàcil. És difícil de dir com molts químics diferents treballaven en el mateix problema, inspirant-se en les mateixes experiències d'altres químics. Dos d'ells, Charles Hall als Estats Units i Paul Héroult a França van presentar-se amb la mateixa resposta al mateix any, 1886. Això és natural, però què me'n dieu, d'això altre?: els noms de tots dos començaven amb H, tots dos van néixer el 1863, i tots dos van morir el 1914.

Ara mateix, molta gent intenta elaborar teories per explicar el comportament de les partícules subatòmiques. Murray Gell-Man i Yuval Ne'emen, un a Amèrica i l'altre a Israel, van proposar teories similars simultàniament. El principi del maser va ser elaborat als Estats Units i a la Unió Soviètica simultàniament. I estic ben segur que el procés clau per a l'ús futur del poder de la fusió nuclear a la pràctica serà elaborat independentment per dues o més persones simultàniament.

Naturalment, a vegades el llampec només brilla una vegada. Gregor Mendel no va tenir competició, ni tampoc Newton o Einstein. Les seves millors idees només se'ls van ocórrer a ells, i la resta del món va seguir-los.

4. Què és la prova de Gödel? Demostra que la veritat és inassequible?

Des del temps d'Euclides, fa 2200 anys, els matemàtics han intentat deduir tot tipus de conclusions útils partint de certes proposicions denominades axiomes.

D'alguna manera és gairebé com un joc, amb dues regles. Primer, els axiomes han de ser tan pocs com sigui possible. Si es pot deduir un axioma a partir dels altres, aquest axioma deduït ha de ser omès. Segon, els axiomes han de ser autoconsistents. Mai no ha de ser possible deduir dues conclusions a partir dels axiomes si una contradiu l'altra.

Qualsevol llibre universitari de geometria comença amb una llista d'axiomes: que per dos punts qualssevol només es pot dibuixar una línia recta; que el tot és igual a la suma de les parts, etcètera. Durant molt temps, es donava per fet que els axiomes d'Euclides eren els únics que podien establir una geometria autoconsistent i per tant eren «vertaders».

Tot i així, al segle dinou, es va demostrar que els axiomes d'Euclides podien ser modificats de certes maneres i que com a resultat podien ser construïdes diferents «geometries no euclidianes». Cada geometria era diferent de les altres, però cadascuna era autoconsistent. Després d'això no va tenir sentit preguntar quina era «vertadera». En comptes d'això es preguntava quina era útil.

En efecte, hi ha molts grups d'axiomes fora dels quals es podria construir un sistema de matemàtiques autoconsistent, cadascun diferent, cadascun autoconsistent.

En cap d'aquests sistemes de matemàtiques no havia de ser possible deduir a partir dels seus axiomes que una cosa és *i* no és *a la vegada,* llavors les matemàtiques no serien autoconsistents i s'haurien de descartar. Però què passa si fas una afirmació i et trobes que no pots provar que tant *és* com *no és*?

Suposem que jo dic, «L'afirmació que estic fent és falsa!»

És falsa? Si és falsa, llavors és fals que estic dient una cosa falsa i haig d'estar dient una cosa certa. Però si estic dient quelcom cert llavors és veritat que estic dient quelcom fals, i jo estic realment dient una cosa falsa. Puc anar endavant i enrera eternament. És impossible demostrar que el que he dit tant *és* com *no és*.

Suposem que ajustem els axiomes de la lògica per eliminar la possibilitat que jo faci afirmacions com aquella. Pot trobar-se alguna altra manera de fer aquestes afirmacions del tipus tant-si-com-no?

El 1931, un matemàtic austríac, Kurt Gödel, va presentar una prova vàlida que demostrava que per a qualsevol llista d'axiomes sempre es poden fer afirmacions les quals no es pot demostrar que són certes o que no ho són a partir d'aquests axiomes. En aquest sentit, és impossible elaborar mai una llista d'axiomes a partir dels quals hom pugui deduir un sistema matemàtic complet.

Vol dir això que mai no podem trobar la «veritat»? De cap manera!

Primer: Només pel fet que un sistema matemàtic no sigui complet, no vol dir que el que conté sigui «fals». Un sistema així pot ser extremadament útil, mentre no intentem utilitzar-lo fora dels seus límits.

Segon: La prova de Gödel només s'utilitza en sistemes deductius del tipus dels que s'utilitzen en matemàtiques. Però la deducció no és l'única manera de descobrir la «veritat». No hi ha axiomes que ens permetin deduir les dimensions del sistema solar. Aquestes dimensions van ser obtingudes a partir d'observacions i mesures —un altre camí vers la «veritat».

5. Quina és la diferència entre els nombres ordinaris i els nombres binaris i quins són els avantatges de cadascun?

Els nombres ordinaris que utilitzem són «en base 10». Això vol dir que estan escrits com a potències de deu. El que escrivim com 7291 és en realitat $7x10^3$ més $2x10^2$ més $9x10^1$ més $1x10^0$. Recordem que $10^3 = 10 x 10 x 10 = 1000$; que $10^2 = 10 x 10 = 100$; que $10^1 = 10$; i que $10^0 = 1$. Per tant, 7291 és 7 x 1000 més 2 x 100 més 9 x 10 més 1. Nosaltres diem això quan llegim el nombre en veu alta. És «set mil dos-cents noranta(nou deus)-u».

Hem crescut tan acostumats a usar les potències de deu que només escrivim els dígits pels quals estan multiplicades, 7291 en aquest cas, i ignorem la resta.

Però no hi ha màgia a les potències de deu. La potència de qualsevol altre nombre major que u podria servir. Suposem, per exemple, que volem escriure el nombre 7291 en termes de potències de vuit. Recordem que $8^0 = 1$; $8^1 = 8$; $8^2 = 8 x 8 = 64$; $8^3 = 8 x 8 x 8 = 512$; i $8^4 = 8 x 8 x 8 x 8 = 4096$. El nombre 7291 pot ser escrit llavors com 1 x 84 més 6 x 83 més 1 x 82 més 7 x 81 més 3 x 80 (treballi-ho i vegi-ho vostè mateix). Si només escrivim els dígits, tenim 16173. Podem dir, llavors que 16173 (en base 8) = 7291 (en base l0).

L'avantatge del sistema en base vuit és que només s'han de memoritzar set dígits a part del 0. Si s'utilitza el dígit 8, es pot arribar a tenir $8 x 8^3$ que és el mateix que $1 x 8^4$, és a dir sempre es pot utilitzar un 1 en comptes d'un 8. Aquest 8 (en base 10) = 10 (en base 8); 89 (en base 10) = 131 (en base 8); etcètera. Per altra banda hi ha més dígits en total en el nombre escrit en el sistema de base 8 que en el de base 10. Com més petita és la base, menys dígits diferents hi ha, però més dígits en total.

Si s'utilitza un sistema en base 20, el nombre 7291 esdevé 18 x 20^2 més 4 x 20^1 més 11 x 20^0. Si escrivim el 18 com # i l'11 com % podem dir que #4% (en base 20) = 7291 (en base 10). En un sistema en base 20 hi hauria 19 dígits diferents però menys dígits en total per cada nombre.

Deu és una base convenient. No ens dóna gaires dígits diferents per recordar ni gaires dígits separats en un nombre donat.

I en un nombre basat en potències de dos —un nombre en base 2? És el que s'anomena un «nombre binari», del mot llatí que significa «dos a la vegada».

El nombre 7291 és igual a 1 x 212 més 1 x 211 més 1 x 210 més 0 x 29 més 0 x 28 més 0 x 27 més 1 x 26 més 1 x 25 més 1 x 24 més 1 x 23 més 0 x 22 més 1 x 21 més 1 x 20. (Treballi-ho i ho veurà, recordant que 29, per exemple, són nou dosos multiplicats: 2 x 2 x 2 x 2 x 2 x 2 x 2 x 2 x 2 = 512). Si només escrivim els dígits tenim 1110001111011 (en base 2) = 7291 (en base 10).

Els nombres binaris només contenen uns i zeros, per tant la suma i la multiplicació són extremadament senzilles. Tot i així, hi ha tants dígits junts fins en nombres petits com el 7291 que és fantàsticament fàcil per a la ment humana confondre's.

Una computadora, però, pot utilitzar un interruptor de dues vies. En una direcció, amb corrent, pot simbolitzar un 1; en l'altra direcció, sense corrent, un 0. Manipulant els circuits de manera que l'interruptor s'obri o es tanqui d'acord amb les regles binàries de la suma i la multiplicació, la computadora pot dur a terme operacions matemàtiques molt ràpidament. Pot fer-ho més ràpidament que si hagués de treballar amb rodes dentades marcades del 0 al 9 com a les calculadores de despatx basades en el sistema decimal o en base 10.

6. **Què són els nombres imaginaris ?**

Hi ha dos tipus de nombres amb els quals la majoria de nosaltres estem familiaritzats: els nombres positius (+ 5, + 17,5) i els nombres negatius (-5, -17,5). Els nombres negatius van ésser introduïts a l'edat mitjana per resoldre problemes com 3 - 5. Als antics els semblava impossible restar cinc pomes de tres pomes. Els banquers medievals, això no obstant, tenien una noció clara del deute. «Dóna'm cinc pomes. Només tinc diners per a tres per tant te'n dec dues.» que és el mateix que dir (+3) - (+5) = (-2).

Els nombres positius i negatius poden ser multiplicats d'acord amb certes regles estrictes. Un nombre positiu multiplicat per un nombre positiu dóna un producte positiu. Un nombre positiu multiplicat per un nombre negatiu dóna un producte negatiu. I, el més important, un nombre negatiu multiplicat per un nombre negatiu dóna un producte *positiu*.

Així: (+1) x (+1) = (+1); (+1) x (-1) = (-1); i (-1) x (-1) = (+1).

Ara suposem que preguntéssim: Quin nombre multiplicat per ell mateix dóna +1 ? O bé, per dir-ho més matemàticament: Quina és l'arrel quadrada de +1?

Hi ha dues respostes. Una és +1, ja que (+1) x (+1) = (+1). L'altra resposta és -1, ja que (-1) x (-1) = (+1). Els matemàtics ho expressen amb la seva pròpia taquigrafia en escriure $\sqrt{+1} = \pm 1$.

Continuem preguntant: Quina és l'arrel quadrada de -1?

Aquí ens quedem clavats. No és +1, perquè aquest multiplicat per ell mateix és +1. Tampoc és -1, perquè aquest multiplicat per ell mateix també és +1. Per estar-ne segurs, (+1) x (-1) = (-1), però aquesta és la multiplicació de dos nombres d*iferents* i no un nombre multiplicat per *ell mateix*.

Per tant podem inventar un nombre i donar-li un símbol especial, per exemple # 1 definint-lo de la següent manera: #1 és un nombre tal que (#1) x (#1) = (-1).

Al principi de presentar aquesta noció, els matemàtics en parlaven com d'un «nombre imaginari» simplement perquè no existia en el sistema de nombres al qual estaven acostumats. De fet no és més imaginari que els «nombres reals» ordinaris. Els anomenats nombres imaginaris tenen propietats definides acuradament i poden ser manipulats tan fàcilment com els nombres més antics.

Ja que els nous nombres es pensava que eren «imaginaris» es va utilitzar el símbol «i». Podem parlar de nombres imaginaris positius (+i) i de nombres imaginaris negatius (-i), mentre que (+1) és un nombre real positiu i (-1) un nombre real negatiu. Així podem dir que $\sqrt{-1} = \pm i$.

El sistema de nombres reals pot ser igualat exactament en el sistema de nombres imaginaris. Si tenim +5, -17,32, +3/10, també podem tenir +5i, -17,32i, + 3i/10.

Fins i tot podem representar el sistema de nombres imaginaris.

Suposem que hom representa el sistema de nombres reals sobre una línia recta amb el zero (0) al centre. Els nombres positius són a una banda del zero i els negatius són a l'altra.

Hom pot representar el sistema de nombres imaginaris al llarg d'una altra línia que talli la primera amb angles rectes al punt zero, amb els imaginaris positius a una banda del zero i els imaginaris negatius a l'altra. Poden localitzar-se nombres a qualsevol lloc del pla utilitzant els dos tipus junts: (+2) + (+3i) o bé (+3) + (-2i). Aquests són «nombres complexos».

Els matemàtics i els físics troben molt útil poder associar tots els punts d'un pla amb un sistema de nombres. No podrien fer-ho sense els anomenats nombres imaginaris.

7. Què són els nombres primers i per què els matemàtics hi estan interessats?

Un nombre primer és qualsevol nombre que no pot expressar-se com a producte de dos nombres que no siguin ell mateix i u. Així 15 = 3 x 5, per tant 15 no és un nombre primer; i 12 = 6 x 2 = 4 x 3, per tant 12 no és un nombre primer. En canvi 13 = 13 x 1, i no és el producte de qualsevol altre parell de nombres, per tant 13 és un nombre primer.

A primera vista no hi ha manera de dir si certs nombres són primers o no. Immediatament pot dir-se que certs tipus de nombres no són primers. Qualsevol nombre, fins i tot llarg, que s'acabi amb un 2, 4, 5, 6, 8 o 0, o que els dígits del qual sumin una quantitat divisible per 3, no és un nombre primer. Tot i així, si un nombre s'acaba en 1, 3, 7, o 9, i si els dígits no sumen una quantitat divisible per 3, pot ser primer —però pot no ser-ho. No hi ha fórmules que ens ho diguin. S'ha de provar si es pot fer el producte de dos nombres més petits.

Una manera de trobar primers, per les bones, és començar llistant tots els nombres començant pel 2 i anar pujant tan amunt com es pugui, per exemple fins a 10.000. El nombre que tenim en primer lloc és 2, que és nombre primer. Es deixa i es va passant ratlla per damunt de cada segon nombre. Això treu tots els nombres divisibles per dos, que per tant no són primers. El nombre més petit deixat després de 2 és 3. Aquest és el següent nombre primer, deixant-lo en el seu lloc, hom passa ratlla per cada tercer nombre per eliminar així tots els nombres divisibles per tres. El següent nombre intacte és 5, per tant després es passa ratlla a cada cinquè. El següent és 7, cada setè: després 11, cada onzè; llavors 13... etcètera.

Pot pensar-se que a mesura d'anar passant ratlla a més i més nombres, finalment s'assolirà un punt en el qual tots els nombres més grans que un nombre particular estaran ratllats, per tant no hi haurà més nombres primers després d'algun particular nombre primer més alt. De fet, això no passa. No importa si es puja cap als milions o als bilions, sempre hi ha més nombres primers més alts que s'han escapat d'ésser ratllats.

De fet, ja l'any 300 a.C., el matemàtic grec Euclides va demostrar que no importa com d'amunt es vagi, hi ha d'haver nombres primers encara més alts. Suposem que agafem els primers sis nombres i els multipliquem: 2 x 3 x 5 x 7 x 11 x 13 = 30.030. Ara afegim1 i s'obté 30.031. Aquest nombre no pot ser dividit ni per 2, ni per 3, ni per 5, ni per 7 ni per 11, ni per 13, ja que a cada cas obtindríem un resultat que deixaria una resta de 1. Si el 30.031 no pogués ser dividit per cap nombre excepte ell mateix, és un nombre primer. Si pogués, llavors els nombres dels quals és producte han de ser més grans que 13. De fet, 30.031 = 59 x 509.

Podem fer això pels primers cent nombres primers o pel primer trilió o per qualsevol primera quantitat. Si calculem el producte i li'n sumem 1, la figura final és o bé ella mateixa un nombre primer o bé el producte de nombres primers més alts que aquells que hagim inclòs a la llista. No importa quant pugem, hi ha nombres primers encara més alts, ja que el nombre de nombres primers és infinit.

De tant en tant apareixen parelles de nombres senars consecutius en què tots dos són primers: 5, 7; 11, 13; 17, 19; 29, 31; 41, 43. Tan amunt com els matemàtics hagin mirat, hi han trobat aquestes parelles de nombres primers. Hi ha un nombre infinit de nombres primers? *No ho sap ningú.* Els matemàtics ho creuen, però no han estat capaços de demostrar-ho. Per això estan interessats en els nombres primers. Els nombres primers ofereixen problemes que semblen senzills però que són molt difícils de resoldre i els matemàtics no poden resistir-se al repte.

Quina utilitat tenen? *Cap*; però aquest fet sembla justament incrementar-ne l'interès.

8. Què passaria si una força irresistible es trobés amb un cos inamovible?

Aquest és un clàssic trencaclosques sobre el qual es deuen haver vessat les paraules d'innombrables milions d'arguments.

Tot i així, abans que doni la meva solució, deixem algunes coses clares. El joc d'explorar l'univers amb tècniques racionals, com qualsevol altre joc, ha de ser jugat d'acord amb les regles. Si dues persones volen parlar entre elles amb sentit han d'estar d'acord en què els símbols que utilitzen (paraules o altres) són agafats com a significat, i els seus comentaris han de tenir sentit en termes d'aquest significat.

Totes les preguntes que no tenen sentit segons les definicions amb les quals s'està d'acord són rebutjades.

Per exemple, suposem que faig la pregunta «Quant pesa la justícia?» (Jo podria estar pensant, potser, en la figura d'una Justícia amb els ulls tapats i una balança a les mans).

Però el pes és una propietat de la massa i només tenen massa les coses materials. (En efecte, la manera més simple de definir la matèria és «Allò que té massa»).

La justícia no és una cosa material, sinó una abstracció. Per definició, la massa no és una de les seves propietats, per tant preguntar pel pes de la justícia és fer una pregunta sense sentit. No requereix resposta.

Un altre exemple: mitjançant una sèrie de manipulacions algebràiques molt simples, és possible demostrar que 1 = 2. L'únic problema és que en el curs d'aquesta demostració, hem de dividir per zero. Per tal d'evitar una igualtat inconvenient com aquesta (per no dir res de la quantitat d'altres demostracions que destruirien la utilitat de les matemàtiques) els matemàtics han decidit considerar inadmissible la divisió per zero a qualsevol manipulació matemàtica. Llavors, la pregunta, «Quant val la fracció 2/0?» viola les regles del joc i no té sentit. No necessita resposta.

Ara ja estem preparats per a la nostra força irresistible i el nostre cos inamovible.

Una «força irresistible» és, per definició (si s'agafen les paraules al peu de la lletra), una força que no pot ser resistida; una força que mourà o destruirà qualsevol cos que trobi, per més gran que sigui, sense ser debilitada o desviada d'una manera perceptible. En un univers que contingui una força irresistible no pot haver-hi res conegut com un cos inamovible, ja que justament hem definit una força irresistible com aquella que és capaç de moure *qualsevol cosa*.

Un «cos inamovible» és, per definició (si agafem les paraules al peu de la lletra), un cos que no pot ser mogut; un cos que absorbirà qualsevol força que trobi, per més gran que sigui, sense ser danyat ni sofrir canvis perceptibles en l'encontre. En un univers que hi hagi un cos inamovible no pot haver-hi una força irresistible, ja que hem definit un cos inamovible com el capaç de resistir *qualsevol* força.

Si fem una pregunta que implica l'existència simultània d'una força irresistible i d'un cos inamovible, estem violant les definicions que hi van implícites. Això no està permès per les regles del joc de la raó. Llavors la pregunta «Què passaria si una força irresistible trobés un cos inamovible?» no té sentit i no requereix cap resposta.

Podem preguntar-nos si podem fer les definicions d'una manera tan acurada que no es puguin fer preguntes que no puguin contestar-se. La resposta és «No», tal com he explicat a la meva resposta a la pregunta 4.

9. **Quantes partícules hi ha a l'univers?**

Realment, no hi ha una resposta definitiva per a aquesta qüestió, ja que en principi ningú no sap com és de gran l'univers. Tot i així, anem a fer algunes suposicions.

Hom suposa que hi ha unes 100.000.000.000 (o 10^{11}un 1 seguit d'onze zeros) galàxies a l'univers. Aquestes galàxies tenen, per terme mitjà, cadascuna 1.000.000.000.000 (o bé 10^{11}) vegades la massa del Sol. En altres paraules, a l'univers hi ha prou matèria per fer 10.000.000.000.000. 000.000.000 (deu mil trilions) de sols com el nostre.

La massa del nostre Sol és de $2x10^{33}$ grams (sent un gram aproximadament 1/28 d'una unça). Això significa que la quantitat total de matèria de l'univers té una massa de $10^{22}x2x10^{33}$ és a dir $2x10^{55}$ grams. Això pot ser escrit com 20.000.000.000.000.000.000.000.000.000.000.000.000.000.000. 000.000.000.000. Dit en paraules això són vint nonilions de grams.

Ara treballem-ho des de l'altre extrem. La massa de l'univers està concentrada gairebé totalment en els nucleons que conté. (Els nucleons són les partícules de les quals està compost principalment el nucli atòmic.) Els nucleons són partícules diminutes i se'n necessiten $6x10^{23}$ per tenir una massa d'un gram.

Bé, llavors, si $6x10^{23}$ nucleons fan un gram i si hi ha $2x10^{55}$ grams a l'univers, el nombre total de nucleons a l'univers és $6x10^{23}x2x10^{55}$ o $12x12^{78}$. Seria més convencional escriure-ho com $1{,}2x10^{79}$.

Els astrònoms creuen que el 90 per cent dels àtoms de l'univers són d'hidrogen, el 9 per cent d'heli, i un 1 per cent consisteix en elements més complicats. Una mostra típica de 100 àtoms, llavors, consistiria en 90 àtoms d'hidrogen, 9 àtoms d'heli i 1 àtom d'oxigen (per exemple).

Els nuclis dels àtoms d'hidrogen contindrien cadascun un nucleó —un protó. Els nuclis dels àtoms d'heli contindrien 4 nucleons cadascun —2 protons i 2 neutrons. El nucli de l'àtom d'oxigen contindria 16 nucleons —8 protons i 8 neutrons.

Llavors els cent àtoms contindrien entre tots 142 nucleons —116 protons i 26 neutrons.

Hi ha una diferència entre aquests dos tipus de nucleons. El neutró no té càrrega elèctrica i no és necessari considerar-li cap partícula acompanyant. El protó, però, té una càrrega elèctrica positiva, i com que l'univers, com un tot es creu que és elèctricament neutre, es fa necessària l'existència d'un electró (amb càrrega elèctrica negativa) per cada protó.

Així doncs, per cada 142 nucleons, hi ha 116 electrons (per equilibrar els 116 protons). Per mantenir la proporció, els $1{,}2\text{x}10^{79}$ nucleons de l'univers han d'anar acompanyats per $1\text{x}10^{79}$ electrons. Si sumem els nucleons i els electrons, tenim un nombre total de $2{,}2\text{x}10^{79}$ partícules de matèria a l'univers. Aquesta quantitat pot escriure's com 22.000.000.000.000.000.000.000.000.000.000.000.000.000.000. 000.000.000.000.000.000.000.000.000.000.000.000 (o 22 tridecalions)

Si l'univers és meitat matèria i meitat antimatèria, llavors la meitat de les partícules són antinucleons i antielectrons. Tot i així, aquest fet no afectaria el nombre total.

Les úniques altres partícules presents en vastes quantitats a l'univers són els fotons, els neutrins i, possiblement, els gravitons, però són partícules sense massa i no les hi comptaré. Després de tot, n'hi ha prou amb 22 tridecalions. Constitueixen un univers bastant gran.

10. D'on va venir la substància de l'univers? Què hi ha més enllà del límit de l'univers?

La resposta a la primera pregunta simplement és que no ho sap ningú.

La ciència no garanteix una resposta per a tot. Només ofereix un sistema de resoldre una pregunta un cop s'ha obtingut informació. Fins ara, no tenim el tipus d'informació que ens diria d'on ve la substància de l'univers.

Tot i així podem fer especulacions. Jo mateix, he imaginat que hi podria haver alguna cosa anomenada «energia negativa» exactament igual que l'«energia positiva» ordinària però que quantitats igual d' «energia negativa» i d' «energia positiva» sumades entre elles formessin el *no-res* (com +1 i -1 sumen 0.)

I al revés, que el no-res pogués sobtadament convertir-se en un glòbul d'«energia positiva» i en un glòbul igual d'«energia negativa». Si això fos així, llavors el glòbul d'«energia positiva» podria haver desenvolupat a dins seu l'univers que coneixem i en algun lloc hi hauria un corresponent «univers negatiu»

Però per què el no-res hauria de convertir-se sobtadament en dos glòbuls d'energia oposada?

Per què no? Si 0 = (+1) + (-1), llavors quelcom que sigui 0 pot justament esdevenir també + 1 i - 1. Potser en una mar infinita de no-res, els glòbuls d'energia positiva i negativa s'estan formant constantment en parelles de la mateixa mida, i després de passar per canvis evolutius, es combinen una altra vegada i s'esvaeixen. Nosaltres estem en un d'aquests glòbuls en el període de temps entre el no-res i el no-res, i preguntant-nos-ho.

Tot això, però, és només especulació. Els científics encara no han detectat res semblant a «energia negativa» ni han trobat cap raó per suposar que pugui existir, i fins que no ho facin la meva idea no té valor.

I què hi ha més enllà de l'univers? Suposem que responc: no-univers.

Podem objectar que això no vol dir res, i potser amb raó. Per altra banda hi ha moltes preguntes que no tenen respostes que tinguin sentit (com, per exemple, «quina és l'altura de dalt?») I aquestes són «preguntes sense sentit». Generalment els científics també refusen considerar preguntes sense sentit.

Però tot i així pensem-hi.

Suposi que vostè és una formiga molt intel·ligent que viu al mig del continent d'Amèrica del Nord. En tota una vida viatjant, hauria recorregut quilòmetres i quilòmetres sobre la superfície de la Terra i hauria inventat una ullera de llarga vista que li permetria veure quilòmetres addicionals de terra. Naturalment vostè suposaria que la terra segueix per sempre.

Però vostè es podria preguntar si la terra arriba a un final en algun lloc. Si ho fes, llavors sorgiria una pregunta distorsionadora: «Si la terra arriba a un final, què hi ha més enllà?»

Vagi amb compte, la seva *única* experiència és amb terra. Vostè mai no ha vist l'oceà, no té cap concepte d'oceà, no pot visualitzar res que no sigui terra. No podria ser que digués: «Si la terra de veritat arriba a un final, llavors més enllà hi ha d'haver no-terra, sigui el que sigui» i que tingués raó?

Bé, si l'univers es defineix com la suma total de matèria i energia i tot l'espai que ocupa, llavors, si l'univers té realment un final, més enllà hi ha no-matèria i no-energia immerses en un no-espai; resumint, hi ha no-univers, sigui el que sigui.

I si l'univers va sorgir com un glòbul d'energia positiva format, juntament amb un glòbul d'energia negativa, del no-res, llavors més enllà de l'univers no hi ha res, que potser només és una altra manera de dir no-univers.

11. Per què parlem de la «baixa temperatura de l'espai»? Com pot tenir temperatura l'espai buit?

Ni hauríem de parlar de la «baixa temperatura de l'espai», ni pot tenir temperatura l'espai buit. La temperatura és el contingut mitjà de calor per àtom d'una quantitat de matèria, i la matèria és l'únic que pot tenir temperatura.

Suposem que a l'espai existís un cos com la Lluna, a anys-llum lluny de l'estrella més propera. Si la superfície de la Lluna estigués a 25°C al principi, perdria calor per radiació contínuament, però també guanyaria calor provinent de la radiació de les estrelles distants. La radiació que li arribés procedent de les estrelles seria, però, tan baixa que no equilibraria la pèrdua deguda a la seva pròpia radiació, i la temperatura de la seva superfície començaria a disminuir immediatament.

A mesura que la temperatura de la superfície de la Lluna disminuís, baixaria constantment el ritme de pèrdua de calor per radiació, fins que finalment, quan la temperatura fos prou baixa, la radiació perduda seria suficientment petita per ser equilibrada per l'absorció de radiació provinent d'estrelles distants. La temperatura de la superfície de la Lluna en aquest punt seria realment baixa, només lleugerament per sobre del zero absolut.

Aquesta baixa temperatura de la superfície de la Lluna, lluny de totes les estrelles, és un exemple del que pensa la gent quan parla de la «baixa temperatura de l'espai».

De fet la Lluna no és lluny de totes les estrelles. Està bastant a prop, a menys de 100 milions de milles d'una d'elles, el Sol. Si la Lluna estigués a la seva posició actual, però amb un costat encarat cap al Sol a totes hores, aquest costat absorbiria calor solar fins que la temperatura al seu centre estigués per damunt del punt d'ebullició de l'aigua. Només a aquesta temperatura elevada la seva pròpia radiació desequilibraria el gran influx solar.

La calor del Sol només travessaria extremadament a poc a poc la substància aïllant de la Lluna, i la superfície encarada lluny del Sol rebria molt poca calor, i radiaria la poca que tingués a l'espai.

La cara nocturna llavors estaria a la «baixa temperatura de l'espai».

Però la Lluna dóna voltes respecte al Sol de manera que cada part de la seva superfície només en rep dues setmanes la llum efectiva cada cop. Sota aquest període limitat de radiació, la temperatura de la superfície de la Lluna amb prou feines arriba a ser tan alta com el punt d'ebullició de l'aigua en uns llocs concrets. Durant la llarga nit, la temperatura es manté a no menys de 120 graus per sobre del zero absolut (prou fred per als nostres patrons) a qualsevol hora perquè abans que pugui caure més avall torna a sortir el Sol.

La Terra és un cas totalment diferent, perquè té una atmosfera i un oceà. L'oceà absorbeix calor més eficientment que la roca nua i la cedeix més lentament. Actua com un amortidor de calor: la seva temperatura no puja gaire quan és sota el Sol, ni baixa tant, comparat amb la Terra, en absència de Sol. Per altra banda, la Terra dóna voltes tan ràpidament que la majoria dels indrets de la seva superfície experimenten dia o nit només unes poques hores cada vegada. A més a més, els vents de l'atmosfera de la Terra transporten calor de la cara del dia a la cara de la nit, i dels tròpics als pols.

Com a conseqüència llavors la Terra experimenta un seguit de temperatures molt més baixes que les de la Lluna, tot i que ambdós cossos estan a la mateixa distància del Sol.

Què passaria a un home exposat a les temperatures subantàrtiques que es trobés a la cara nocturna de la Lluna? No gaire més del que puguem imaginar. Fins i tot vestit amb robes aïllants a la Terra, nosaltres perdem la calor corporal força de pressa cap a l'atmosfera i els seus vents —que s'emporten la calor del cos lluny ràpidament. La situació a la Lluna és una altra de ben diferent. Allà, portant un vestit i un calçat termals, un home experimentaria molt poca pèrdua de calor per conducció cap a la superfície, o per convecció cap a l'espai buit sense vent. Estaria en una ampolla d'un termos assegut en un buit, radiant només petites quantitats d'infraroig. El refredament seria un procés lent. El seu propi cos podria, naturalment, estar produint calor tot el temps, i és més probable que sentís més calor que no fred.

12. **Què és la pols còsmica i d'on ve?**

D'acord amb les opinions actuals dels astrònoms, originalment les galàxies eren enormes conglomeracions de gas i pols, que donaven voltes lentament, van començar a ser remolins turbulents, i es van condensar en estrelles. En algunes regions, en les quals les estrelles es van formar molt espessament, el gas i la pols varen trobar virtualment el seu camí cap a una o altra estrella. Poc o res va quedar als espais d'entremig. Això és cert en els cúmuls globulars, a les galàxies el·líptiques, i en el nucli central de les galàxies espirals.

A les rodalies de les galàxies espirals, el procés va ser molt menys eficient. Les estrelles es formaven en nombre menor i a fora es deixava molt gas i molta pols. Nosaltres estem en els braços espirals de la nostra galàxia i podem veure núvols de pols fent taques fosques en el fulgor de la Via Làctea. El centre de la nostra galàxia està enfosquit completament per aquests núvols de pols.

El material de què està format l'univers és majoritàriament hidrogen i heli. Els àtoms d'heli no tenen tendència a unir-se entre ells. Els àtoms d'hidrogen sí que ho fan, però només per parelles, formant molècules d'hidrogen (H_2). Això significa que la major part del material que hi ha entre les estrelles consisteix en petits àtoms d'heli separats o bé petits àtoms i molècules d'hidrogen separats. Aquests són els components del gas interestel·lar que forma la major part de la matèria d'entre els estels.

La pols interestel·lar (o pols còsmica), present en molta menor quantitat, està constituïda per partícules que tot i sent molt diminutes són més grans que els àtoms i molècules simples, i per tant han de contenir altres àtoms a part dels d'hidrogen i els d'heli.

Seguint a l'hidrogen i a l'heli, el tipus més comú d'àtom a l'univers és el d'oxigen. Es pot combinar amb hidrogen per formar grups hidroxil (HO) i molècules d'aigua (H_2O). Aquests tindran una marcada tendència a unir-se a altres grups i molècules del mateix tipus que puguin trobar-se, de manera que gradualment es constitueixen partícules diminutes formades per milions d'aquestes molècules. Els grups hidroxil i les molècules d'aigua constitueixen la major part de la pols còsmica. No va ser fins al 1965 que els grups hidroxils van ser realment detectats a l'espai i es va començar a estudiar la seva distribució. Des de llavors s'ha informat també de l'existència de molècules més complicades, que contenen àtoms de carboni així com d'hidrogen i d'oxigen.

La pols còsmica també ha de contenir agrupacions d'àtoms constituïdes per àtoms encara menys comuns que els d'hidrogen, oxigen i carboni. A l'espai interestel·lar s'han detectat àtoms de calci, sodi, potassi i ferro, a través de la llum que absorbeixen.

Per entremig del nostre sistema solar, hi ha una pols similar, a què potser contribueixen els cometes. A fora dels límits visibles del nostre sistema solar, pot haver-hi una closca d'un gran nombre de cometes, alguns dels quals (a causa potser dels efectes gravitacionals de les estrelles pròximes) cauen cap al Sol.

Els cometes són conglomeracions lliures de fragments sòlids diminuts de metall i roca units per un ciment de gel, metà i amoníac, i altres materials com aquests, congelats. Cada vegada que un cometa s'aproxima al Sol, part de la seva matèria bull i són alliberades i dispersades a l'espai partícules sòlides minúscules en forma d'una llarga cua. Amb el temps el cometa es fa miques tot ell.

Incomptables cometes s'han fet miques a la història

del sistema solar i, com a resultat, hi ha pols escampada a les extensions internes del sistema. La Terra col·lecciona aquestes partícules de pols («micrometeorits») en nombre de milers de milions cada dia. Els científics de l'espai hi estan interessats per diverses raons; una d'elles és que els grans micrometeorits poden presentar un perill per als futurs astronautes i els colonitzadors de la Lluna.

13. **Què són els pulsars?**

L'estiu del 1967, gairebé per casualitat, Anthony Hewish i els seus col·laboradors de la Universitat de Cambridge van detectar emissions de ràdio provinents del cel que no eren iguals a res que s'hagués detectat mai. Arribaven en impulsos molt regulars separats només 1 1/3 segons. Per ser exactes, arribaven cada 1,33730109 segons. La font va ser anomenada «estrella pulsant» o «pulsar» per abreujar-ho.

En els dos anys següents van descobrir-se un nombre considerable d'aquests pulsars i hom pot preguntar per què no van ser descoberts abans. Cada pulsar radia una energia considerable durant un impuls, però els impulsos són tan breus que per terme mitjà la intensitat de la radioona és molt baixa, per això es perdia. És més, els astrònoms donaven per fet que aquelles fonts de ràdio emetien energia a un nivell constant i no hi buscaven impulsos.

Un pulsar particularment ràpid va ser descobert a la Nebulosa del Cranc i es va trobar que radiava en el rang de la llum visible. Titil·lava apagant-se i encenent-se al mateix temps que els impulsos de ràdio. Havia estat observat moltes vegades abans però només semblava ser una estrella ordinària. Ningú no havia pensat provar-lo amb un instrumental de detecció prou delicat per veure que s'encenia i s'apagava trenta vegades cada segon. Amb un impuls tan ràpid, la llum semblava estable a l'ull i als instruments ordinaris.

Però què *és* un pulsar? Si un objecte emet energia a intervals periòdics, llavors li ha d'estar passant alguna cosa en aquests intervals. Pot ser un cos que s'està expandint i contraient, per exemple, i emet un impuls d'energia a cada contracció. O pot estar girant sobre el seu eix o bé donant voltes sobre un altre cos i emetent un impuls d'energia amb cada rotació o revolució.

La dificultat era que el batec és molt i molt ràpid, ve de qualsevol lloc i va des d'un impuls cada quatre segons a un cada 1/30 segons. El pulsar havia d'ésser un cos molt calent o al principi no podria emetre tanta energia i hauria de tenir unes dimensions molt petites o no podria fer-ho tan ràpidament.

El cos calent més petit que els científics han observat són les estrelles nanes blanques. Aquestes poden tenir tanta massa com el Sol —tanta calor, també, o més— i tot i així no són tan grans com la Terra. Fóra possible que aquestes estrelles nanes blanques estiguessin produint impulsos en expandir-se i contraure's, o per rotació? O bé dues estrelles nanes blanques podrien estar donant voltes l'una al voltant de l'altra? No és important la manera com treballen el problema teòricament els astrònoms, fos com fos, no podrien fer moure les nanes blanques suficientment ràpides.

Però què passa amb els objectes encara més petits? Els astrònoms havien teoritzat que era possible que una estrella es contragués tan estretament sota l'atracció de la gravetat fins a forçar els seus nuclis atòmics a esclafar-se pel contacte. Els electrons i els protons interactuarien per formar neutrons i l'estrella començaria a ser una mena de gelatina de neutrons. Una «estrella de neutrons» com aquesta podria ser tan gran com el Sol només que tingués una amplada de setze quilòmetres.

Tot i així, les estrelles de neutrons mai no van ser

observades i eren tan petites que alguns astrònoms temien que si existissin fossin completament indetectables.

Un cos tan petit com aquest podria donar voltes prou ràpidament per produir els impulsos. Si hi haguessin condicions sota les quals els electrons només poguessin escapar a certs punts de la seva superfície. A mesura que una estrella de neutrons donés voltes, els electrons s'escamparien com l'aigua d'una regadora per aspersió rotatòria, i una vegada a cada rotació apuntaria en la nostra direcció, produint ones de ràdio i llum visible.

Thomas Gold, de la Universitat de Cornell, va suggerir que, si això passés, l'estrella de neutrons perdria energia i els impulsos haurien de ser més lents gradualment. Això es va experimentar i es va comprovar que era així. Ara sembla molt probable que els pulsars són les estrelles de neutrons que els astrònoms temien que no podrien mai detectar.

14. **Hom diu que un centímetre cúbic d'una estrella de neutrons pesa milers de milions de tones. Com és possible?**

Un àtom té aproximadament 10^{-8} cm de diàmetre (o 1/250.000.000 de polzada). Als sòlids i líquids ordinaris, els àtoms estan tots junts, a prop els uns dels altres, pràcticament en contacte. La densitat dels sòlids i líquids ordinaris depèn, llavors, de la mida exacta dels àtoms, de l'eficiència amb què estan empaquetats, i el pes dels àtoms individuals.

El sòlid ordinari menys dens és l'hidrogen congelat, que té uns 0,076 grams per centímetre cúbic (o 0,014 unces per polzada cúbica). El més dens és un metall rar, l'osmi, que té 22,48 grams per centímetre cúbic (o 13 unces per polzada cúbica).

Si els àtoms fossin pilotes massisses incompressibles,

l'osmi seria el material més dens possible, i una polzada cúbica de matèria mai no arribaria ni a un quilogram, i no diem moltes tones.

Però els àtoms no són massissos. Ja el 1909, el físic nascut a Nova Zelanda Ernest Rutherford va demostrar que els àtoms eren majoritàriament espai buit. Les zones que envolten els àtoms només contenen electrons molt lleugers i més del 99,9 per cent de la massa de l'àtom està concentrada en una estructura diminuta, el nucli atòmic, al centre.

El nucli atòmic té un diàmetre que ronda els 10^{-13} centímetres (és a dir aproximadament 1/100.000 del propi àtom). Si els àtoms en una esfera de matèria poguessin ser empesos tots junts tan fort que els electrons fossin expulsats fora i els nuclis atòmics fossin obligats a contactar, llavors el diàmetre de l'esfera disminuiria fins a 1/100.000 del que havia estat.

Si la Terra es comprimís en una pilota de nuclis atòmics, tota la seva matèria estaria per força en una esfera de només 130 metres de diàmetre. El Sol, comprimit d'una manera semblant, tindria un diàmetre de 13,8 quilòmetres. Si tota la matèria coneguda de l'univers es convertís en nuclis-atòmics-en-contacte, seria una esfera que només tindria un diàmetre de cent seixanta milions de quilòmetres i encaixaria còmodament entre el cinturó d'asteroides del nostre sistema solar.

La calor i la pressió al centre de les estrelles trenquen l'estructura atòmica i permeten als nuclis atòmics començar a empaquetar-se junts. Les densitats al centre del Sol són molt més elevades que les de l'osmi, però els nuclis individuals es mouen gairebé sense impediments, i el material encara és un gas. Algunes estrelles estan fetes gairebé per complet d'aquests àtoms fets malbé. La companya de l'estrella Sirius és una «nana blanca» no més gran que el planeta Urà, tot i que té tanta massa com el Sol.

Els nuclis atòmics estan constituïts per protons i neutrons. Tots els protons tenen càrregues elèctriques positives i es repel·leixen entre ells, de manera que no més del centenar poden ser portats tots junts a qualsevol lloc. Els neutrons, però, estan desprovistos de càrrega i, sota condicions adequades, poden empaquetar-se tots junts per formar una «estrella de neutrons». Hom suposa que els pulsars són aquestes estrelles de neutrons.

Si el Sol es convertís en una estrella de neutrons, tota la seva massa estaria encaixada en una bola de 1/100.000 el seu diàmetre present i $(1/100.000)^3$ o 1/1.000.000.000.000.000 (una milbilionèsima) el seu volum. Llavors la densitat seria 1.000.000.000.000.000 (mil bilions) de vegades la que és ara.

La densitat actual global del Sol és de 1,4 grams per centímetre cúbic. Si fos una estrella de neutrons, la seva densitat seria 1.400.000.000.000.000 grams per centímetre cúbic.

Això vol dir que una polzada cúbica d'una estrella de neutrons podria arribar a pesar 25.000.000.000.000 (25 bilions) tones.

15. **Què és un forat negre?**

Per entendre què és un forat negre, comencem per una estrella com el nostre Sol. El Sol té un diàmetre de 1.390.000 quilòmetres i té una massa que és 330.000 vegades la massa de la Terra. D'acord amb aquesta massa i la distància de la seva superfície al centre, qualsevol cos sobre la superfície del Sol estaria sotmès a una atracció gravitacional aproximadament 28 vegades la gravetat a la superfície de la Terra.

Una estrella ordinària es manté en la seva mida normal gràcies a l'equilibri entre una temperatura central enormement elevada que tendeix a expandir la substància estel·lar i l'enorme atracció gravitacional que tendeix a contraure-la i a comprimir-la.

En algun estadi del seu temps de vida pot perdre's temperatura interna, de manera que agafi el poder la gravitació. L'estrella es comença a col·lapsar fins al punt en què la repulsió mútua dels electrons resisteix qualsevol contracció més.

Llavors l'estrella és una «nana blanca». Una estrella com el nostre Sol, si es col·lapsés fins a ser una nana blanca, comprimiria tota la seva massa en una esfera d'uns16.000 quilòmetres de diàmetre, i la seva gravetat superficial (subjecta a la mateixa massa però a una distància molt més pròxima al centre) seria 210.000 vegades la de la Terra.

Sota certes condicions, l'atracció gravitacional esdevé massa forta fins i tot per resistir la repulsió electrònica. L'estrella es torna a contraure, forçant els electrons i els protons a combinar-se per formar neutrons, i s'encongeix fins al punt en què tots els neutrons estan en contacte. L'estructura de neutrons llavors resisteix més contracció i tenim una «estrella de neutrons» que podria contenir tota la massa del Sol en una esfera de només 16 quilòmetres de diàmetre. La seva gravetat superficial seria 210.000.000.000 vegades la de la Terra.

Sota certes condicions, la gravitació pot vèncer fins i tot la resistència de l'estructura del neutró. En aquest cas, no hi ha res més que pugui resistir el col·lapse. L'estrella pot encongir-se fins a un volum zero i la gravetat a la seva superfície podria augmentar fins a l'infinit.

D'acord amb la teoria de la relativitat, la llum emesa per una estrella perd part de l'energia a mesura que s'enlaira contra el camp gravitatori de l'estrella. Com més intens sigui el camp, més gran és la pèrdua d'energia. Això ha estat provat mitjançant observació en els cels i en el laboratori.

La llum emesa per una estrella ordinària com el Sol perd molt poca energia. La llum emesa per una nana blanca en perd més; i la llum emesa per una estrella de neutrons encara més. A mesura que l'estrella de neutrons es col·lapsa més, arriba un punt en què la llum que s'enlaira de la seva superfície perd *tota* la seva energia i no pot escapar.

Els objectes més comprimits que les estrelles de neutrons tenen un camp gravitatori tan intens que qualsevol cosa que s'hi acosti queda atrapada per ells i mai no pot sortir-ne. És com si l'objecte atrapat hagués caigut dins d'un forat profund infinit i mai no parés de caure. Encara més, tal com acabo d'explicar, ni tan sols la llum pot escapar-ne, per tant l'objecte comprimit és negre. És, realment, un «forat negre».

Actualment els astrònoms estan buscant alguna evidència de l'existència actual de forats negres arreu de l'univers.

16. **A quina temperatura pot arribar una estrella?**

Depèn de l'estrella, i de quina part de l'estrella s'estigui considerant.

Més del 99 per cent de les estrelles que podem detectar provenen, com el nostre Sol, d'una classificació anomenada «seqüència principal», i normalment quan parlem de la temperatura d'una estrella estem parlant, en general, de la temperatura de la seva superfície. Començarem per aquí.

Qualsevol estrella té una tendència a col·lapsar-se sota la seva pròpia atracció gravitatòria, però a mesura que es va col·lapsant, el seu interior es fa més calent. A mesura que el seu interior es fa més calent, l'estrella té tendència a expandir-se. Al final, hi ha un equilibri i l'estrella ateny alguna mida fixa. Com més massa té una estrella, més gran ha de ser la temperatura interna per equilibrar aquesta tendència al col·lapse, i com a conseqüència més gran la temperatura a la superfície.

El nostre Sol, una estrella de mida mitjana, té una temperatura superficial de 6.000°C. Estrelles amb menys massa tenen temperatures superficials més baixes, algunes tan baixes com 2.500°C.

Les estrelles que tenen més massa tenen temperatures més elevades: 10.000°C., 20.000 °C., i més. La que té més massa, i consegüentment l'estrella més calenta i més brillant coneguda té una temperatura superficial constant de, com a mínim, 50.000°C., i possiblement més. Podem aventurar-nos a dir que la temperatura superficial constant més elevada possible d'una estrella de la seqüència principal és de 80.000°C.

Per què no més? Que hi ha d'estrelles amb més i més massa? Aquí hem d'ordenar un alto. Si una estrella ordinària arriba a tenir tanta massa que la seva temperatura superficial és més alta de 80.000°C., les temperatures extremes a l'interior d'una estrella com aquesta ocasionarien una explosió. Momentàniament hi hauria temperatures més elevades, però quan s'acabés l'explosió deixaria una estrella més petita i més freda.

Això no obstant, la superfície no és la part més calenta d'una estrella. La calor és transferida cap enfora de la superfície a la capa prima d'atmosfera (o corona) que envolta l'estrella. La quantitat total de calor no és molta, però hi ha tan pocs àtoms a la corona, comparats amb els que té la mateixa estrella que cada àtom en té una gran provisió. L'energia calorífica per àtom individual és el que mesura la temperatura, i la corona solar té, per aquesta raó, una temperatura que ronda 1.000.000°C.

L'interior d'una estrella també és molt més calent que la superfície. Ha de ser-ho, si ha d'aguantar les capes externes de l'estrella expandides contra l'enorme atracció cap endins de la gravetat. Potser la temperatura del nucli del Sol resulta ser de 15.000.000°C.

Naturalment, una estrella amb més massa que el Sol tindrà una temperatura més elevada del nucli així com una temperatura més elevada a la superfície. També, per una massa donada, una estrella tendeix a tenir el nucli més i més calent a mesura que envelleix. Alguns astrònoms han intentat calcular com pot ser d'elevada la temperatura que pot tenir en el nucli abans que tota l'estrella exploti. Una estimació que jo he vist dóna la temperatura màxima com 6.000.000.000°C.

I què passa amb els objectes que no són a la cadena principal? En particular, què passa amb els objectes que s'han descobert recentment en els seixanta? Hi ha pulsars, que es creu que són «estrelles de neutrons» increïblement denses amb tota la massa d'una estrella ordinària empaquetada en una esfera de potser només setze quilòmetres de diàmetre. Les temperatures del seu nucli podrien arribar més enllà del «màxim» dels sis mil milions de graus? O els quasars, que hi ha gent que creu que poden ser un milió o més d'estrelles ordinàries col·lapsades en una. Què hi ha de la temperatura dels seus nuclis?

De moment, no ho sap ningú.

17. **Fins a quin límit pot produir-se fusió dins d'una estrella?**

Quan els protons i els neutrons es combinen per formar un nucli atòmic, la combinació és més estable i conté menys massa que la dels mateixos protons i neutrons separadament. En formar la combinació, l'excés de massa es converteix en energia i és radiada lluny.

Mil tones d'hidrogen, amb nuclis compostos per protons sols, es converteixen en 993 tones d'heli, amb els nuclis compostos per combinacions de dos protons i dos neutrons. Les 7 tones de massa desaparegudes són donades com el seu equivalent en energia.

Les estrelles com el nostre Sol radien energia que es forma d'aquesta manera. El Sol converteix uns 654.000.000

de tones d'hidrogen en una mica menys de 650.000.000 de tones d'heli cada segon. Perd per tant 4.600.000 de tones de massa cada segon.

Tot i amb aquesta enorme proporció, el Sol conté prou hidrogen per mantenir-se actiu durant milions de milions d'anys.

Encara que algun dia les existències d'hidrogen del Sol s'aproximessin a l'exhauriment. Voldria dir això que es pararia la fusió i el Sol arribaria a ser fred?

No ben bé. Els nuclis d'heli no representen l'empaquetament més econòmic de protons i neutrons. Els nuclis d'heli poden fusionar-se en nuclis encara més complicats, nuclis tan complicats com els del ferro, desprenent més energia.

No gaire més, això no obstant. Les mil tones d'hidrogen que he mencionat que es fusionaven en 993 tones d'heli poden fusionar-se a més a més en 991,5 tones de ferro.En passar de l'hidrogen a l'heli set tones de massa són convertides en energia i només mitja tona en passar de l'heli al ferro.

I amb el ferro entrem en una via morta. Al nucli del ferro, els protons i neutrons estan empaquetats amb la màxima estabilitat. Qualsevol canvi en el ferro, en la direcció o bé d'àtoms més simples o bé de més complexos, absorbeix energia més que no pas n'emet.

Podem dir, llavors, que quan una estrella ha agafat l'heli ha perdut unes quatre cinquenes parts de tota l'energia de fusió de què disposa, i en passar cap al ferro, perd la cinquena part restant, i això és tot.

Però què passa després?

En el procés de passar per l'estadi de fusió més enllà de l'heli, el nucli de l'estrella esdevé molt més calent. D'acord amb una teoria és prou calent en l'estadi de ferro per prendre part en reaccions nuclears que produeixen enormes quantitats de neutrins. Els neutrins no són absorbits pel material estel·lar, per tant surten disparats a la velocitat de la llum tan aviat com són formats, enduent-se energia amb ells. Així el nucli perd energia i es refreda gairebé sobtadament i l'estrella es col·lapsa en una nana blanca.

En el procés de col·lapse, les capes externes, que encara tenen àtoms menys complicats que el ferro, es fusionen tots al mateix temps, explotant en una «nova». Les energies que resulten formen àtoms més complicats que el ferro; àtoms de l'estil de l'urani i dels que el segueixen.

Les runes d'aquestes noves, contenint àtoms pesats, es barregen amb el gas interestel·lar, i les estrelles formades d'aquest gas són «estrelles de segona generació» que contenen petites quantitats d'àtoms complexos que mai no es podrien haver format mitjançant la seva pròpia fusió ordinària. El nostre Sol és una estrella de segona generació: i aquesta és la raó per la qual hi ha or i urani a la Terra.

18. **Què passa amb tota l'energia emesa per totes les estrelles?**

Les estrelles emeten energia de diferents maneres:

1) Com a fotons de radiació electromagnètica sense massa, des dels raigs gamma més energètics fins a les menys energètiques ones de ràdio.(Fins i tot la matèria freda irradia fotons; com més freda és la matèria, més febles són els fotons). La llum visible és una part d'aquest tipus de radiació.

2) Com a altres partícules sense massa com els gravitons i els neutrins.

3) Com a partícules amb massa carregades d'alta energia, principalment protons, però també incloent-hi quantitats menors de diversos nuclis atòmics i encara d'altres tipus de partícules. Aquests són els raigs còsmics.

Totes aquestes partícules emeses —fotons, neutrins,

gravitons, protons, etcètera— són estables per més temps que estiguin aïllades a l'espai. Poden travessar milers de milions d'anys llum de buit durant milers de milions d'anys sense, pel que es coneix, experimentar cap canvi.

Totes aquestes partícules radiants existeixen conseqüentment fins el moment (tant llunyà com pugui ser) en què xoquen amb algun tipus de matèria que les absorbeix. En el cas dels fotons, gairebé qualsevol matèria seria suficient. Els protons energètics són parats i absorbits amb més dificultat, i els neutrons amb molta més dificultat. Dels gravitons, encara se'n coneix molt poc.

Suposem ara que l'univers consistís només en estrelles en una configuració incanviant. Cada partícula emesa per una estrella travessaria l'espai fins que xoqués contra alguna cosa (una altra estrella) i fos absorbida. Les partícules només travessarien d'estrella a estrella i, globalment, cada estrella tornaria a guanyar tota l'energia que hagués radiat. Llavors semblaria que l'univers continuaria incanviant per sempre.

Que això no sigui d'aquesta manera és degut a tres coses:

1) L'univers no està fet només d'estrelles, sinó que conté una quantitat considerable de matèria freda, des de grans planetes fins a pols interestel·lar. Quan aquesta matèria freda troba alguna partícula, l'absorbeix i a canvi desprèn partícules menys energètiques. Això significa que globalment la matèria freda creix en temperatura al llarg del temps i el contingut energètic de les estrelles disminueix.

2) Algunes de les partícules despreses per les estrelles i també per altres formes de matèria (com els neutrins i els gravitons) tenen una tendència tan petita a ser absorbides per la matèria que, des de tota l'existència de l'univers, només n'ha estat absorbit un petit percentatge. Això significa que cada vegada hi ha una fracció més gran de l'energia total de les estrelles voltant per l'espai i vol dir

també que el contingut d'energia de les estrelles disminueix.

3) L'univers està en expansió. Cada any hi ha més espai entre les galàxies de manera que fins i tot partícules absorbibles com protons i fotons poden travessar per terme mitjà llargues distàncies abans de xocar amb matèria i ser absorbides. També per aquesta raó,cada any hi ha menys energia absorbida per les estrelles que no emesa, i l'energia de més ha d'anar omplint l'espai addicional que es produeix per l'expansió amb partícules energètiques i, fins llavors, no absorbides. De fet, aquesta raó és suficient per si sola. Tant de temps com l'univers continuï expandint-se, continuarà refredant-se globalment.

Naturalment, quan l'univers es comenci a contraure una altra vegada, la situació serà la inversa, i començarà a escalfar-se un altre cop.

19. **Què és el vent solar?**

Ja el 1850 un astrònom anglès, Richard C.Carrington, que estava estudiant les taques solars, va notar una erupció minúscula a la superfície del Sol que va ser visible durant uns cinc minuts. Carrington va pensar que el que li havia passat era que havia vist la caiguda d'un gran meteor sobre el Sol.

Cap als anys vint, la utilització d'instruments més sofisticats per a l'estudi del Sol va demostrar que aquestes «erupcions solars» eren esdeveniments comuns, que normalment ocorrien en connexió amb les taques solars. Per exemple, l'astrònom americà George E. Hale havia inventat l'«espectroheliògraf» el 1889 i això va fer possible observar el Sol a través de llum d'una determinada longitud d'ona. Llavors era possible tenir una imatge del Sol amb la llum de l'hidrogen incandescent a l'atmosfera solar, o del calci incandescent, per exemple. Resultava que les erupcions solars no tenien res a veure amb meteorits sinó que eren explosions de curta durada d'hidrogen calent.

Les erupcions petites són bastant comunes i als llocs on hi ha un gran grup de taques solars se'n poden detectar fins al centenar, especialment quan les taques solars estan creixent. Erupcions molt grans, com les que va veure Carrington, són rares, i només se'n formen poques cada any.

Algunes vegades una erupció té lloc al centre del disc solar, de manera que explota cap enfora en la direcció de la Terra. Mentre i després que això passi, a la Terra tenen lloc esdeveniments curiosos. Durant dies, hi ha una brillantor de les Llums del Nord, que algunes vegades són vistes des de lluny a les zones temperades. La bruíxola magnètica esdevé més activa i variable, de manera que l'efecte a vegades és anomenat una «tempesta elèctrica».

Aquests esdeveniments, abans d'aquest segle, no afectaven massa la població en general. Al segle vint, però, va resultar que les tempestes magnètiques també afectaven la ràdio-recepció i el comportament dels equips electrònics en general. A mesura que la humanitat va començar a dependre més i més d'aquests equipaments, les tempestes elèctriques van fer-se més importants. Durant una tempesta d'aquestes, per exemple, pot quedar interrompuda la transmissió de ràdio i televisió i no funcionar els radars.

Els astrònoms van estudiar les erupcions més acuradament, i va fer-se evident que aquestes explosions llençaven hidrogen calent lluny cap amunt i que part d'ell arribava a ser llençat a l'espai a pesar de la gravetat gegant del Sol. Els nuclis d'hidrogen són protons senzills, de manera que el Sol està envoltat per un núvol de protons (i quantitats menors de nuclis més complicats) escampats cap enfora en totes direccions. El 1958, el físic americà Eugene N. Parker va anomenar «vent solar» a aquest núvol de protons que emana cap enfora.

Els protons que emanen en la direcció de la Terra ens arriben i la majoria són empesos al voltant del planeta pel seu camp magnètic. Alguns es posen a l'atmosfera més alta per provocar les Llums del Nord i produir tot una varietat de fenòmens elèctrics. Una erupció particularment gran, que disparés un núvol intens en direcció nostra, produiria el que podríem anomenar un «vendaval solar» i es produirien els efectes de tempesta magnètica.

El vent solar és el responsable de les cues dels cometes. El núvol de pols i gas d'un cometa en moure's a prop del Sol és escombrat cap enfora per vent solar. Els seus efectes també han estat observats en satèl·lits fets per l'home. Un satèl·lit gran, lleuger com l'*Echo I*, va ser empès pel vent solar perceptiblement lluny de la seva òrbita calculada.

20. Durant quant temps serà capaç el Sol de mantenir vida sobre la Terra?

El Sol serà capaç de mantenir vida (pel que nosaltres sabem) sobre la Terra tant de temps com irradiï energia de la manera com ho fa ara. Podem assentar certs límits al respecte.

La radiació del Sol és produïda per la fusió de l'hidrogen a heli. Per produir tota la radiació vessada pel Sol, ha de tenir lloc una quantitat gran de fusió. En realitat, cada segon s'han de fusionar 630.000.000 tones d'hidrogen en 625.400.000 tones d'heli. (Les 4.600.000 tones restants són convertides en energia radiant i sempre són perdudes pel Sol. La quantitat minúscula d'aquesta energia que resulta que toca la Terra és suficient per mantenir tota la vida en el nostre planeta).

Llavors pot semblar que amb aquesta quantitat d'hidrogen consumit cada segon, el Sol no pugui durar gaire temps, però el que no es té en compte són les grans dimensions del Sol. Té una massa de 2.200.000.000.

000.000.000.000.000.000 (més de dos mil quatrilions) de tones. Aproximadament el 53 per cent d'aquesta massa és hidrogen, el que vol dir que el Sol conté unes 1.160.000. 000.000.000.000.000.000.000 tones d'hidrogen.

Per si algú té curiositat, la resta de la massa del Sol és gairebé tota d'heli. Menys del 0,1 per cent de la seva massa està constituïda per àtoms més complicats que l'heli. L'heli és més compacte que l'hidrogen. Sota condicions idèntiques, una quantitat determinada d'àtoms d'heli tindrien quatre vegades la massa de la mateixa quantitat d'àtoms d'hidrogen. Una determinada massa d'heli, en altres paraules, ocupa menys que la mateixa massa d'hidrogen. En termes de volum —l'espai ocupat— el Sol és hidrogen en un vuitanta per cent.

Si suposem que el Sol originàriament tot era hidrogen i que sempre ha estat transformant hidrogen en heli en la relació de 630 milions de tones cada segon i que sempre ho continuarà fent, llavors podem calcular que el Sol ha estat radiant durant uns quaranta mil milions d'anys i que continuarà radiant durant uns altres seixanta mil milions d'anys.

De fet, les coses no són ben bé tan simples. El Sol és una estrella de «segona generació», constituïda a partir de gas i pols còsmica deixats per estrelles que havien cremat i explotat milers de milions d'anys abans. Així doncs la matèria primera del Sol contenia molt d'heli al principi; gairebé tant com el que té ara. Això significa que el Sol només ha estat radiant un temps curt, astronòmicament parlant, de manera que les seves reserves originals d'hidrogen només han baixat moderadament. El Sol no pot tenir més de sis milers de milions d'anys.

El Sol tampoc no continuarà radiant exactament amb la mateixa proporció actual. L'hidrogen i l'heli del Sol no es barregen a fons. L'heli està concentrat en el nucli central del Sol, i la reacció de fusió té lloc a la superfície d'aquest nucli.

A mesura que el Sol continuï radiant, el nucli d'heli agafarà més massa i la temperatura al seu centre augmentarà. A la llarga, la temperatura arriba a ser-hi prou elevada per ajuntar àtoms d'heli formant àtoms més complicats. Fins aquest punt, el Sol radiarà tant com ho fa ara, però després que comenci la fusió de l'heli es començarà a expandir i gradualment esdevindrà una gegant roja. La calor a la Terra començarà a ser inaguantable; els oceans bulliran, i el planeta no serà gaire temps més una estança per a la vida tal com nosaltres la coneixem.

Els astrònoms estimen que el Sol entrarà en aquesta nova fase d'aquí uns vuit mil milions d'anys. Tanmateix, vuit mil milions d'anys encara és un temps bastant llarg, per tant no hi ha motiu d'alarma immediata.

21. **Si la temperatura de la superfície del Sol és tan elevada que està candent, per què les taques solars són negres? Per ser negres haurien d'estar fredes i com pot estar freda una cosa que està en el Sol?**

La pregunta, tal com està feta, podria semblar realment una pega. De fet, a principis del 1800, un gran astrònom, William Herschel, va decidir que les taques solars havien de ser fredes ja que eren negres. L'única manera com va poder explicar aquest fet va ser suposar que el Sol no era tot ell calent. Tenia una atmosfera candent, sí, però a sota d'ella hi havia un cos sòlid fred i podíem veure aquest cos sòlid a través de les escletxes de l'atmosfera solar. Aquelles escletxes les anomenem taques solars. Herschel fins i tot va pensar que el cos fred de l'interior del Sol podria estar habitat per éssers vius.

Però tot això és fals. Ara estem força segurs que el Sol és calent tot ell. De fet, la superfície que en veiem és la part més freda i fins i tot així, segurament és massa calenta per als éssers vius.

Radiació i temperatura estan íntimament relacionades. El 1894, un físic alemany, Wilhelm Wien, va estudiar el tipus de llum radiada a diferents temperatures. Va concloure que, sota condicions ideals, cada objecte, sense mirar la seva composició química, radiava en una gamma de llum determinada per cada temperatura determinada.

A mesura que puja la temperatura, la longitud d'ona del pic de radiació disminueix més i més de la mateixa manera per a tots els cossos. A uns 600°C passa prou radiació en la gamma del visible per donar a l'objecte una aparença vermella esmorteïda. Llavors, a mesura que la temperatura es fa més elevada encara, l'objecte esdevé vermell brillant, taronjat, blanc i blanc-blau (si la temperatura fos prou alta, la radiació es trobaria majoritàriament a l'ultraviolat i més enllà).

En mesurar acuradament la longitud d'ona del pic de la radiació solar (que es troba a la regió de la llum groga), podem calcular la temperatura de la superfície del Sol que arriba a uns 6.000°C.

Les taques solars *no* estan a aquesta temperatura. Estan sensiblement més fredes, i podem situar la temperatura al seu centre a només 4.000°C. Sembla que una taca solar representa una expansió de gasos potentíssima, i una expansió així, en el Sol o en una nevera, provoca una baixada de temperatura considerable. Es necessita una enorme bomba de calor per mantenir freda una taca solar immensa durant dies i setmanes contra la calor que li arriba de les àrees del Sol més calentes que l'envolten, i els astrònoms encara no han elaborat un mecanisme satisfactori per a la formació de les taques solars.

Fins i tot a 4.000°C, les taques solars haurien de ser molt brillants. Haurien de ser considerablement més brillants que un arc voltaic aquí a la Terra, i un arc voltaic és massa brillant per mirar-lo.

Bé, la taca solar *és* més brillant que un arc voltaic i això ho proven els instruments. El problema és, no obstant això, que els nostres ulls no veuen la llum absolutament. Nosaltres jutgem la brillantor per comparació amb la dels voltants. Les àrees normalment més calentes de la superfície del Sol són quatre o cinc vegades més brillants que les àrees més fredes al centre de la taca solar, i, en comparar les darreres amb les primeres, les darreres semblen negres als nostres ulls. Aquesta negror és un tipus d'il·lusió òptica.

Que això és així pot ser demostrat a vegades durant un eclipsi. L'eclipsi de Lluna, amb la seva cara fosca vers nosaltres, és *de veritat* negra contra la brillantor del globus solar. Quan el cantó de la Lluna es posa en el lloc d'una taca solar de manera que la «foscor» de la taca pot ser vista contra la Lluna, és possible veure que la taca no és realment negra.

22. Per què tots els planetes estan aproximadament en el mateix pla orbital?

La millor suposició astronòmica és que es mouen en el mateix pla orbital perquè van ser formats a partir d'una única làmina plana de material.

Les teories actuals suggereixen que el sistema solar originàriament era una vasta massa de pols i gas que voltava, que al principi podria haver estat esfèrica. Es va condensar sota la influència de la seva pròpia atracció gravitacional, i per consegüent havia de donar voltes més ràpid sobre si mateix per conservar el moment angular.

A mesura que el núvol es condensava més i més i girava més i més de pressa, l'efecte centrífug va llançar cap enfora del pla equatorial una porció de matèria. Aquesta matèria llançada cap enfora, que només era un percentatge petit del total, va formar una gran placa plana al voltant de la porció central principal del núvol. D'alguna manera (sobre els detalls no s'està d'acord de cap manera) els planetes es van condensar fora de la placa, mentre que la porció principal va arribar a ser el Sol. Els planetes continuen voltant per la regió que una vegada va ser ocupada per aquella làmina plana i, per aquesta raó, tots giren aproximadament sobre el mateix pla — el pla equatorial del Sol.

Per raons similars, els planetes, en condensar-se, van formar satèl·lits que normalment giren en un únic pla que coincideix amb el de l'equador del planeta.

Hom creu que les excepcions a aquesta regla han resultat d'esdeveniments violents al llarg de la formació del sistema solar. El planeta Plutó gira en un pla inclinat que forma un angle de 17 graus amb el pla de revolució de la Terra. (Cap altre planeta té una òrbita tan inclinada). Alguns astrònoms especulen que Plutó podia haver estat algun cop un satèl·lit de Neptú que va ser expulsat per algun cataclisme indeterminat. El satèl·lit més important de Neptú, Tritó, tampoc no gira sobre el pla de l'equador de Neptú, cosa que és un altre senyal d'algun cataclisme relacionat amb aquest planeta.

Jupiter té set satèl·lits petits i distants que no giren en el pla del seu equador. El satèl·lit més extern de Saturn es troba en el mateix cas. Aquests satèl·lits probablement no van formar-se en la seva posició actual quan va començar el sistema solar, sinó que són asteroides que van ser capturats fa molt de temps per aquells planetes gegants.

Molts dels asteroides que giren en òrbites al mig de les de Mart i Júpiter tenen plans orbitals que estan molt inclinats. Aquí, també, els senyals apunten a una catàstrofe. Pot molt ben ser que els asteroides fossin originàriament un únic petit planeta voltant en el pla general. Molt temps després de la formació del sistema solar, una explosió, o sèries d'explosions poden haver fragmentat aquest món malfadat i haver enviat els fragments volant en òrbites que en molts casos es desviaven amplament del pla orbital general.

Els cometes giren en tots els plans possibles. Alguns astrònoms sospiten, no obstant això, que hi ha un extens núvol de cometes als afores dels sistema solar, a aproximadament un any-llum del Sol. Aquests es poden haver condensat a partir de les porcions externes del núvol esfèric original abans que comencés la contracció general i abans que comencés la làmina equatorial.

Quan un cometa ocasional cau d'aquesta closca esfèrica cap a les regions més internes del sistema solar (potser com a resultat de la influència gravitacional d'estrelles distants), llavors pot moure's al voltant del Sol en qualsevol pla.

23. **Com i per què Plutó és diferent de tots els altres planetes?**

Plutó és digne de consideració per ser el planeta més distant del Sol (la seva distància mitjana és de 5.790 milions de quilòmetres). Però bé, algun planeta ha de ser el més distant, i resulta que és Plutó.

Però això no és tot. Plutó té certes característiques inusuals que el deixen a part dels altres vuit planetes majors i que fan que sigui un objecte de curiositat considerable per als astrònoms. Per exemple:

1. Plutó té l'òrbita més el·líptica que la de qualssevol dels planetes grans. Un cercle perfecte té una excentricitat de zero i l' excentricitat de l'òrbita terrestre és de només 0,017 és a dir molt pròxima a la circular. L'excentricitat de l'òrbita de Plutó però, és 0,25. Algunes vegades és tan a prop del Sol que només en dista 4.340 milions de quilòmetres; d'altres vegades n'està fins a 7.230 milions de quilòmetres. De fet, quan Plutó està més a prop del Sol, hi està més pròxim que Neptú, i per un temps deixa de ser el planeta més llunyà. Ara s'està movent més pròxim que Neptú, i hi estarà uns quaranta anys.

2. Plutó té l'òrbita més inclinada que qualsevol planeta gran. Si tots els planetes estiguessin alineats en les seves òrbites sobre la mateixa cara del Sol, estarien tots gairebé un darrera l'altre —tots excepte Plutó. L'òrbita de Plutó està inclinada 17 graus respecte de la nostra i podria estar molt més amunt o molt més avall de la posició general dels altres planetes. (Aquest és el perquè mai no podia xocar amb Neptú quan en travessava l'òrbita —la travessaria per molt més amunt.)

3. A part de Plutó els altres vuit planetes es divideixen en dos grups. Primer, hi ha els quatre planetes a prop del Sol: Mercuri, Venus, Terra i Mart; tots són petits, densos i relativament tenen poca atmosfera. Després hi ha els quatre planetes externs: Júpiter, Saturn, Urà i Neptú —planetes gegants, amb baixes densitats i atmosferes enormes. Això deixa a Plutó, que està situat entre els «gegants de gas», tot i ser un món petit i dens com els planetes interns. Està definitivament fora de lloc.

4. Si no mirem Mercuri i Venus, que estan tan a prop del Sol que els efectes gravitacionals els han alentit, podem dir que tots els planetes giren ràpidament sobre els seus eixos. Els períodes de rotació van de 10 a 25 hores. Tot i així Plutó té un període rotacional de 153 hores —gairebé set dies.

Per què tots aquests extrems? Hi ha una raó per la qual Plutó sigui tan diferent?

Hom ha fet un suggeriment particularment interessant. Suposem que al començament Plutó no fos un planeta, sinó un satèl·lit de Neptú. Suposem que alguna catàstrofe còsmica d'algun tipus l'hagués llançat fora de la seva òrbita de satèl·lit cap a una òrbita planetària independent.

Si això fos així, la naturalesa de l'explosió (si va ser això el que hi va haver) podria haver-lo llançat cap a una òrbita inclinada i esbiaixada, però que el porta un altre cop cap a Neptú, d'on havia començat.

Com a satèl·lit, havia de ser petit i potser dens, en comptes de ser un gegant gasós com els altres planetes externs vertaders. I llavors, també, hauria donat una volta sobre el seu eix en el mateix temps que tardava a donar una volta sobre Neptú, gràcies a l'atracció gravitatòria de Neptú. (Això generalment és cert en els satèl·lits; és cert per a la nostra pròpia Lluna). En aquest cas el període de rotació de Plutó fàcilment podria ser d'una setmana. (El període de rotació de la nostra Lluna és de quatre setmanes.) Quan Plutó fou llançat lluny de Neptú, podria haver agafat el seu període de rotació i així acabar tenint el més peculiar per un planeta.

Desafortunadament, tanmateix, tot això només és especulació. No hi ha evidències de pes que Plutó hagi estat mai un satèl·lit de Neptú; i si ho era, no sabem quin tipus de catàstrofe el podia haver fet fora.

24. **Per què els cometes tenen cua?**

Durant molts anys, els cometes han fet por a la humanitat. De tant en tant, sense raó aparent, apareixia un cometa en el cel. Tenia una forma diferent de la de qualsevol altre objecte celeste. El seu contorn era més borrós que no ben diferenciat, i tenia una cua tènue que hi onejava. La cua, per a alguns imaginatius, semblava el cabell desordenat d'una dona ploranera (la paraula «cometa» prové de la paraula llatina que significa «cabell») i es creia que presagiava desastres.

Al segle divuit, finalment es va determinar que alguns cometes es movien en òrbites regulars respecte al Sol, però sent normalment molt allargades. A l'extrem llunyà de la seva òrbita eren invisibles i només es feien visibles a l'extrem pròxim, al qual s'acostaven només una vegada en dotzenes d'anys (o centenars, o milers).

El 1950, un astrònom holandès, Jan H. Oort, va suggerir

que hi havia un núvol extens de potser milers de milions de planetoides voltant el Sol a una distància d'un any-llum o més. Estarien a més de mil vegades la distància de Plutó, el planeta més llunyà, i, a pesar del seu nombre, serien completament invisibles. De tant en tant, potser a causa de l'atracció gravitacional de les estrelles més pròximes, alguns alentirien el seu moviment orbital i començarien a precipitar-se cap al Sol. Ocasionalment algun penetraria bastant endins del sistema solar intern i giraria entorn del Sol a la distància de pocs milions de milles. Després d'això mantindria la nova òrbita i seria la classe d'objecte que reconeixem com a cometa.

Més o menys al mateix temps, l'astrònom americà Fred L. Whipple va suggerir que els cometes estaven compostos majoritàriament per substàncies de baix punt d'ebullició com l'amoníac i el metà, incloses en material rocós. Al núvol del cometa, lluny del Sol, l'amoníac, el metà i les altres substàncies estarien congelades en «glaçons» sòlids.

La gèlida estructura dels cometes és estable en les espessors més externes, però què passa quan un d'ells s'alenteix i cau molt més a prop del Sol? A mesura que entra al sistema solar més intern, l'increment de calor que rep del Sol provoca que els seus trossos de glaç es comencin a vaporitzar. Les partícules de pedra atrapades a la capa superficial de gel són deixades lliures. El resultat és que el nucli del cometa queda envoltat per un núvol de pols i vapor que s'espesseix a mesura que s'acosta al Sol.

Emergent del Sol en totes direccions hi ha el vent solar, un núvol de partícules subatòmiques que emana cap enfora. El vent solar exerceix una força que és més gran que la minúscula atracció gravitacional del cometa. Per això el núvol de pols i vapor sobre el cometa comença a ser empès pel vent solar i escombrat lluny del Sol. A mesura que el cometa s'aproxima al Sol, el vent solar es fa més fort i el núvol de pols i vapor és empès en forma d'una cua llarga que s'estira lluny del cometa. Com més s'aproxima, més llarga és la cua, que està composta, tot i així, d'un tel molt i molt prim de matèria.

Naturalment, els cometes no duren molt un cop que han entrat al sistema solar més intern. Cada pas a prop del Sol provoca una pèrdua de material, i després de poques dotzenes de retorns els cometes queden reduïts a un nucli rocós minúscul o bé es trenca tot junt formant un núvol de petits meteors. Hi ha un nombre de «rierols de meteors» que es mouen en òrbites regulars respecte al Sol, i quan algun d'ells intercepta l'atmosfera de la Terra hi ha un magnífic desplegament d'estrelles fugaces. Aquestes són sens dubte les reminiscències de cometes morts.

25. **Per què la Lluna sempre manté la mateixa cara orientada cap a la Terra?**

L'atracció gravitacional de la Lluna sobre la Terra fa créixer l'oceà a ambdós costats del nostre planeta, provocant dos engruiximents provinents de la marea. Com que la Terra gira d'oest a est, aquests dos engruiximents, sempre mirant cara la Lluna en un cas i lluny d'ella en l'altre, volten la Terra d'est a oest.

A mesura que els engruiximents es mouen al voltant de la Terra, freguen violentament el fons de mars poc profunds com el mar de Bering i el mar d'Irlanda. Aquest fet provoca fricció, la qual converteix energia de rotació en calor. Molt lentament, a mesura que l'energia de rotació de la Terra és consumida d'aquesta manera, s'alenteix el moviment del nostre planeta sobre el seu eix. Les marees actuen de fre de la rotació de la Terra i, en conseqüència, els nostres dies són un segon més llargs cada mil anys.

No només és l'aigua de l'oceà la que s'eleva en resposta a la gravetat de la Lluna. L'escorça sòlida de la Terra també respon, tanmateix, amb una extensió menys notable. Dos reinflaments petits de roca encerclen la Terra, un reinflament encarat cap a la Lluna i l'altre al costat oposat. A mesura que els reinflaments de roca es mouen per la Terra, la fricció d'estrat de roca contra estrat de roca també mina l'energia rotacional de la Terra. (Els reinflaments no es mouen corporalment al voltant de la Terra, és clar, però, a mesura que el planeta gira, el reinflament minva en un lloc i es forma en un altre, a mesura que trossos de superfície diferents passen sota la Lluna.)

La Lluna no té mars ni marees ordinàries. Tot i així, l'escorça sòlida de la Lluna respon a la força gravitatòria de la Terra —i la força gravitatòria de la Terra és vuitanta vegades més gran que la de la Lluna. El reinflament format a la superfície de la Lluna és molt més gros que el format a la superfície de la Terra. Per això, la Lluna estaria subjecta a una fricció provinent de la marea molt més considerable que la nostra, si estigués voltant amb un període de vint-i-quatre hores. El que encara és més, la Lluna, amb una massa molt més petita que la de la Terra, tindria d'entrada, per un mateix període de rotació, una energia rotacional menor.

Com que les menors existències inicials d'energia de la Lluna són disminuïdes més ràpidament pels grans reinflaments formats per la Terra, el seu període de rotació disminuiria a un ritme relativament ràpid. Fa molts milions d'anys que s'ha d'haver alentit fins al punt en què el dia lunar fos igual que el seu mes. Un cop s'hagués arribat a aquest punt, la Lluna sempre donaria la mateixa cara a la Terra.

Això, per altra banda, fa romandre els engruiximents en una posició fixa. Un engruiximent sempre estaria encarat cap a nosaltres al bell mig de la cara de la Lluna que veiem, i l'altre apuntaria lluny de nosaltres al bell mig de la cara que no veiem. Com que aquestes cares no canvien la seva posició a mesura que la Lluna dóna voltes sobre la Terra, no hi ha més moviment dels reinflaments ni cap més efecte de fricció que alteri el període de rotació de la Lluna. Per això la Lluna continuarà donant-nos una cara indefinidament i, tal com es veu, no és coincidència, sinó un efecte inevitable de gravitació i fricció.

La Lluna és un cas relativament senzill. Sota algunes circumstàncies, la fricció provinent de la marea pot provocar condicions d'estabilitat més complicades. Durant vuitanta anys, per exemple, es creia que Mercuri (el planeta més pròxim al Sol i un dels més fortament afectats per la seva gravetat) donava una cara al Sol pel mateix motiu que la Lluna dóna una cara a la Terra. En realitat, resulta que en el cas de Mercuri, els efectes de la fricció són capaços de produir un període estable de rotació de 58 dies, que és justament dues terceres parts el temps de 88 dies corresponent al període de revolució de Mercuri al voltant del Sol.

26. Què són les concentracions de massa que han estat descobertes a la Lluna?

La llei de la gravitació universal de Newton pot expressar-se amb una fórmula molt senzilla, sempre que se suposi que tots els objectes de l'univers tenen la massa concentrada en un sol punt. Si els objectes estan molt lluny, pot suposar-se que això és així, però com més a prop estiguin els objectes els uns dels altres, més hem de tenir en compte que realment les seves masses estan distribuïdes per tot el cos.

Tot i així, el tractament continua sent bastant senzill sempre que 1) l'objecte sigui una esfera perfecta, i 2) la seva densitat sigui «simètrica radialment». Per «simètrica radialment» vull dir que si un objecte és molt dens al centre i menys i menys dens a mesura que ens anem allunyant del centre, la forma en la qual la densitat disminueix és exactament la mateixa independentment de la direcció que agafem des del centre. Encara que hi hagi canvis bastant sobtats de densitat, no importen, sempre que aquests canvis tinguin lloc exactament de la mateixa manera en totes les direccions possibles des del centre.

Si els objectes astronòmics són raonablement grossos gairebé satisfan aquests requeriments. Normalment tenen una forma molt pròxima a una esfera, i la seva densitat té gairebé simetria radial. És clar que hem d'admetre desviacions petites quan els objectes estan particularment a prop entre ells. En estudiar els efectes gravitacionals entre la Lluna i la Terra, hem d'admetre que la Terra no és una esfera perfecta sinó que té un engruiximent equatorial. La matèria de més en l'engruiximent produeix un minúscul efecte gravitacional propi que ha de ser tingut en compte.

Als seixanta els Estats Units van posar en òrbita al voltant de la Lluna diversos vehicles espacials (els «Lunar Orbiters»). En conèixer amb detall la mesura i la forma de la Lluna, els nostres experts en coets estaven segurs que calcularien exactament amb quina velocitat els vehicles viatjarien per la Lluna. Per sorpresa seva, no obstant, van trobar que els vehicles es movien un xic més ràpids en algunes parts de l'òrbita.

Es van observar les òrbites amb detall, i va resultar que els vehicles acceleraven quan passaven sobre els grans «mars» lunars, les regions planes amb pocs cràters. Això només podia ser degut al fet que la densitat de la Lluna no fos simètrica radialment. En aquests mars hi ha d'haver concentracions addicionals de massa que produirien un efecte gravitacional addicional amb el qual no s'havia comptat. Els astrònoms van començar a parlar de «concentracions de massa» o, de forma abreujada, «mascons».

Què són aquestes concentracions de massa?

Han sorgit dues teories. Alguns astrònoms creuen que els mars són cràters més immensos del normal produïts per la col·lisió de meteorits particularment grossos amb la Lluna. Aquests meteorits poden haver-se enterrat sota la superfície del mar lunar però encara hi serien. Estarien constituïts majoritàriament per ferro, potser, i serien molt més densos que la superfície normal de la Lluna. Així doncs representarien una elevada concentració de massa anormal.

Una segona teoria és que al principi de la història de la Lluna, els mars lunars fossin realment mars d'aigua. Abans que l'aigua s'evaporés cap a l'espai, s'hi van dipositar sediments densos que encara hi serien ara, explicant la concentració addicional de massa.

En futures exploracions a la superfície de la Lluna s'hauria de determinar quina d'aquestes teories (si alguna ho és) és correcta, i, com a contrapartida, ens donaria molta més informació sobre els inicis de la història de la Lluna (i de la Terra).

27. **Ara que ja hem estat sobre la Lluna sis vegades diferents, què n'hem descobert?**

D'alguna manera, és injust esperar massa de la nostra exploració de la Lluna, si considerem els límits del que hem fet. Després de tot, només hem tret amb una pala alguns materials de superfície de sis llocs molt separats d'una àrea total equivalent a la de Nord-Amèrica i la de Sud-Amèrica posades juntes. Qualsevol de les vegades que els astronautes s'han posat sobre la Lluna potser eren a només cinc milles d'alguna clau sorprenent per desxifrar els enigmes lunars i no haver-ho sabut mai.

A més a més, els astrònoms i els geòlegs només estan als inicis del seu treball. Els estudis de les pedres lunars continuaran durant anys. El procés pot ser molt útil, ja que algunes de les roques tenen uns quatre mil milions d'anys i són vestigis dels mil primers milions d'anys de l'existència del sistema solar. A la Terra mai no s'ha trobat res que arribi, intacte, d'un període tan antic.

Potser la cosa més clara que ens ha revelat la investigació de la composició química de la superfície de la Lluna és que la distribució dels elements és significativament diferent de la de la Terra. Comparada amb la Terra, a les roques de la superfície de la Lluna hi ha una manca d'aquells elements que tendeixen a formar compostos de baix punt de fusió —com hidrogen, carboni, sodi, plom, etcètera. Aquells elements que formen compostos d'elevat punt de fusió, com el zirconi, el titani i els metalls de les terres rares, són presents en un percentatge més elevat a l'escorça de la Lluna que a la nostra.

Una explicació lògica per a tot això seria suposar que la superfície de la Lluna va ser una vegada escalfada molt fortament, i durant un període llarg suficient per causar l'ebullició i pèrdua dels compostos de baix punt d'ebullició, deixant intactes els compostos d'elevat punt d'ebullició. A més a més aquesta conclusió és corroborada pel fet que sembla que sobre la Lluna hi ha una gran proporció de materials vidriosos, com si la superfície de la Lluna s'hagués fos i s'hagués tornat a solidificar.

Però què pot haver produït la calor? Podria haver estat produïda per l'impacte de grans meteorits en el transcurs dels inicis de la història de la Lluna, o per grans erupcions volcàniques. Si fos així, podria ser que l'efecte es trobés en unes àrees i no en altres. Però, tanmateix, sembla que l'evidència demostra que l'efecte hi és a tota la Lluna.

Potser podria haver estat causada pel fet que el Sol hagués passat per un període calent alguna vegada. Si fos així, la Terra, també s'hauria cobert d'una calor similar. Tot i que la Terra està protegida per l'aire i l'oceà i la Lluna no, hi hauria d'haver alguna evidència sobre la terra d'aquest període de calor. No se n'ha trobat cap, però potser sigui degut al fet que no hi ha roques a la Terra que s'hagin mantingut intactes des dels primers mil milions d'anys del sistema solar.

Una tercera possibilitat és que la Lluna estigués fa

temps molt més pròxima al Sol que no ho és ara. Originalment podia haver estat un planeta independent amb una òrbita allargada que, en un extrem, la portés a la mateixa distància del Sol que la que actualment té Mercuri. En aquest cas, la seva superfície hauria estat profundament cuita pel Sol.

L'altre extrem de la seva òrbita podria haver-la portat moderadament a prop de l'òrbita de la Terra, i potser en algun moment del passat, inclús tan recent com fa mil milions d'anys, la situació era tal que la Terra se les va arreglar per capturar-la, i el que havia estat un planeta va esdevenir un satèl·lit.

Sigui quina sigui la causa, aquella superfície cuita de la Lluna és descoratjadora en un aspecte. Incrementa la possibilitat que no hi hagi aigua en les milles més externes de la superfície lunar, i això significa que establir una colònia lunar seria molt més difícil que en altres circumstàncies.

28. **Hi ha vida a Mart?**

Realment encara no ho sabem. Mai no podrem saber-ho a menys que féssim aterrar realment uns quants científics a Mart i els deixéssim investigar.

Pel que podem dir, tanmateix, les coses semblen ser esperançadores per a la vida marciana. És cert que la nau espacial d'exploració de Mart *Mariner IX*, situada en una òrbita a unes mil milles per sobre la superfície de Mart, no va observar-hi senyals de vida tot i que va escorcollar tot el planeta. Tot i així, si la Terra fos vista des de la mateixa distància i amb els mateixos mètodes, tampoc no s'hi haurien observat senyals de vida.

L'atmosfera de Mart està molt enrarida, la seva densitat és només una centèsima la de la Terra, i el que hi ha allà és gairebé tot diòxid de carboni. A més a més, Mart dista del Sol mitja vegada més que la Terra, per tant les temperatures baixen a nivells antàrtics a la nit i a les regions polars fa prou fred per congelar el diòxid de carboni.

Els homes no podrien sobreviure en un entorn com aquest sense una protecció especial. De fet, no hi podria sobreviure cap dels animals terrestres. Els homes de la Terra en colonitzar Mart haurien de viure sota cúpules o en cavernes sota terra. Però vol dir això que no poden existir a Mart formes de vida complexes adaptades a les condicions d'aquest planeta? Les possibilitats són molt poques, potser, però no podem eliminar-les completament.

I què passa amb les formes de vida més simples —plantes com els líquens o microorganismes com els bacteris? En aquest cas les possibilitats són molt millors. Potser fins i tot força bones. Hom reconeix que hi havia alguna esperança de trobar formes de vida senzilles a la Lluna i que es va anar esvaint, però Mart ofereix un entorn molt més favorable que el de la Lluna. Mart està més allunyat del Sol que la Lluna i té una atmosfera que li proporciona una petita protecció, per tant Mart està menys subjugat per la radiació solar que podria trencar les molècules complicades necessàries per a la vida.

A més a més, Mart, en ser més fred i més gros que la Lluna, pot retenir millor les substàncies volàtils que serveixen de punts de partida per a la vida. Mart és ric en diòxid de carboni i sens dubte té aigua. A partir d'aquí, es pot formar la vida. Si, com resulta ser, algunes formes de vida terrestre molt simples poden sobreviure sota condicions marcianes simulades, tant més cert podria ser per formes de vida adaptades des del començament a les condicions de Mart.

Les fotografies preses pel *Mariner IX* demostren que les condicions marcianes no han de ser per sempre tan severes com són ara. A Mart hi ha regions volcàniques, amb un volcà gegant, el Nix Olympica, dues vegades més ample que cap volcà terrestre. Això significa que geològicament Mart és un món actiu i que està experimentant canvis.

A Mart hi ha senyals de meandres que tenen tot l'aspecte de lleres de riu, i alguns astrònoms fins i tot especulen si la seva aparença indica que hi corria aigua no fa gaire temps, geològicament parlant. I encara més, els casquets polars de gel de Mart sembla com si tinguessin períodes alternants de creixement i recessió.

Potser Mart alterna entre una espècie d'hivern llarg, en el qual gairebé tota l'atmosfera està congelada i la resta queda amb una densitat molt baixa (tal com és ara); i una espècie d'estiu llarg, en el qual gairebé tota l'atmosfera es desglaça i llavors és gairebé tan espessa com la de la Terra.

És possible que ara hi hagi formes de vida latents al sòl de Mart i que quan arribi el llarg estiu, i l'atmosfera s'espesseixi i flueixi l'aigua, la vida pugui sorgir fins a uns nivells majors que els que ara esperem.

29. **Suposem que a Mart hi ha formes de vida senzilles. Val realment la pena anar fins allà només per veure-les?**

Els científics no dubtarien ni un segon a respondre al més fort possible «Sí!».

Totes les formes de vida terrestres, sense excepció, estan basades en les grans molècules que són les proteïnes i els àcids nucleics. Totes fan servir els mateixos tipus de reaccions químiques mitjançades pels mateixos tipus d'enzims. Tota la vida terrestre consisteix en variacions sobre un mateix tema.

Si hi ha vida a Mart, encara que sigui senzilla, pot existir en forma de variacions sobre *un altre* tema. De sobte doblaríem les formes de vida que coneixem i, potser immediatament, assoliríem un enteniment més fonamental de l'essència de la vida.

Encara que la vida a Mart estigués basada en el mateix tema que el de la Terra, podrien haver-hi diferències de detall importants. Per exemple, a la Terra, totes les proteïnes estan constituïdes per aminoàcids, i aquests (tots menys un) poden tenir una orientació tant a l'esquerra com a la dreta. Sota condicions que no tinguin a veure amb la vida, les dues formes són igualment estables i existeixen en quantitats iguals.

A les proteïnes de la Terra, tanmateix, tots els aminoàcids, només amb excepcions rares i insignificants, són esquerrans. Això significa que les molècules de proteïna poden ser construïdes en piles ben proporcionades, el que seria impossible si alguns fossin esquerrans i els altres fossin dretans. Tanmateix les piles serien igualment ben proporcionades si tots fossin dretans.

Llavors, per què esquerrans i no dretans?És una qüestió de sort? Va resultar que era esquerrana la primera gota de vida terrestre? O a la natura hi ha alguna asimetria bàsica que fa que la forma esquerrana sigui inevitable? La vida a Mart podria ser que respongués aquesta pregunta i d'altres semblants.

Fins i tot si la vida marciana resultés que està basada en el mateix tema que la terrestre i que fos idèntica en cada detall, seria valuós saber-ho. Aquest fet podria servir com a evidència interessant que el tema de la vida tal com existeix sobre la terra podria ser l'únic possible a qualsevol planeta que s'assemblés una mica a la Terra.

A més a més, si la vida a Mart fos un calc de la vida terrestre, bioquímicament parlant, el seu antecessor encara podria estar fet de sistemes moleculars més primitius que qualsevol dels que s'hagin desenvolupat al llarg dels eons en els ambients més càlids i exhuberants de la Terra. En aquest cas, Mart seria un laboratori en el qual hom podria observar protovida com la que (potser) va existir a la Terra. Encara podem experimentar-hi —tal com ho podríem fer a la Terra si tinguéssim una màquina del temps— i indagar algunes veritats fonamentals que estan amagades en les complexitats de la vida terrestre.

De fet, encara que no existís gens de vida a Mart, podrien haver-hi molècules orgàniques en el sòl que, encara que sense vida, podrien anar clarament, per dir-ho així, cap a la vida. Podrien indicar la natura del camí que a la Terra va ser agafat una vegada durant el període de «evolució química» abans del desenvolupament del primer sistema prou complex per ser anomenat vivent.

Sigui el que sigui el que aprenguem a Mart pel que fa a la vida, molt probablement, ens ajudarà a entendre el nostre mateix planeta una mica més clarament (així com l'estudi del llatí i el francès ens ajuda a entendre millor l'anglès). I, segurament, si anem a Mart per aprendre més sobre la Terra que el que no podem aprendre aquí, aquesta raó ja sigui suficient per intentar fer-ho si podem.

30. **Com i quan es van formar els oceans?**

Als inicis del segle vint, hom creia que la Terra i els altres planetes es van formar a partir de matèria extreta del Sol. Teníem la imatge d'una Terra que es refredava gradualment des de la incandescència, passant pel roig viu, la mera calor, i assolint finalment el punt d'ebullició de l'aigua. Quan havia esdevingut prou freda per condensar l'aigua, el vapor d'aigua de l'atmosfera escalfada de la Terra va passar a estat líquid i va començar a ploure i ploure —i ploure. Després de molts anys d'una pluja increïble d'aigua bullenta que feia un soroll sibilant i espeternegava quan copejava el terra calent, les fondalades de la superfície rugosa del planeta finalment es refredaven prou per a retenir l'aigua i omplir-se per formar els oceans.

Molt dramàtic, però gairebé tot equivocat completament.

Actualment, els científics estan convençuts que la

Terra i els altres planetes no es van formar a partir del Sol, sinó que van ser formats a partir de partícules que s'aplegaven al mateix temps que es va formar el mateix Sol. La Terra mai no va tenir la temperatura del Sol, però va anar-se escalfant bastant a causa de les energies de col·lisió de totes les partícules que la formaven. Va arribar a ser prou calenta de manera que la seva massa relativament petita no va poder retenir una atmosfera o vapor d'aigua per començar.

El cos sòlid de la Terra recentment formada no tenia, per dir-ho d'una altra manera, ni atmosfera ni oceans. Llavors, d'on van venir?

Hi havia aigua (i gasos) en combinacions imprecises amb les substàncies rocalloses que formaven la part sòlida del globus. A mesura que aquesta part sòlida es va anar compactant més i més estretament a causa de l'atracció de la gravetat, el seu interior va esdevenir més i més calent. El vapor d'aigua i el gas van ser expulsats de la seva anterior combinació amb la roca i van abandonar la sustància sòlida.

Les bombolles de gas, en formar-se i agrupar-se turmentaven la Terra jove amb tremolors grandioses; la calor en escapar-se produïa violentes erupcions volcàniques. Durant innumerables anys, l'aigua líquida no queia del cel, més aviat el vapor d'aigua sortia xiulant de l'escorça i després es condensava. Els oceans es van formar des de baix i no des de dalt.

El que els geòlegs ara principalment discuteixen és a quin ritme es van formar els oceans. Va sortir tot el vapor d'aigua en mil milions d'anys o menys, de manera que l'oceà ha tingut la seva mida actual des que va començar la vida? O el procés ha estat tan lent que l'oceà ha estat creixent al llarg del temps geològic i encara està creixent?

Aquells que mantenen que l'oceà es va formar al principi del joc i que ha mantingut la seva mida estable durant molt temps assenyalen que els continents semblen ser una característica permanent de la Terra. No sembla que hagin estat molt més grans en el passat, quan l'oceà era, suposadament, més petit.

Per altra banda, aquells que afirmen que l'oceà ha estat creixent regularment assenyalen que encara avui en dia les erupcions volcàniques aboquen quantitats de vapor d'aigua a l'aire; vapor d'aigua que deriva de les roques del fons, no de l'oceà. També hi ha muntanyes submarines sota el Pacífic amb el cim pla que podien haver estat fa temps al nivell del mar però que ara estan centenars de metres més avall.

Pot ser possible arribar a un compromís. Hom suggereix que l'oceà ha estat creixent d'una manera regular, però que, a mesura que augmentava la quantitat d'aigua, el seu pes obligava a abaixar el fons de l'oceà. Resumint, els oceans han estat augmentant regularment la seva fondària, no la seva amplada. Això explicaria tant les muntanyes ofegades sota el mar, com l'existència dels continents.

31. **Els oceans, són cada vegada més salats? Seran algun dia tan salats que hi matin tota la vida?**

A la Terra existeix un cicle de l'aigua. Cada any s'evaporen de l'oceà uns 125.000 quilòmetres cúbics d'aigua. Aquests cauen en forma de pluja i, d'una manera o altra, retornen a l'oceà.

Les dues branques del cicle, evaporació i retorn, no estan equilibrades en un aspecte. Del contingut de l'oceà, només s'evapora l'aigua, de manera que la pluja és pràcticament aigua pura. Tot i així, part de l'aigua que retorna, primer ensopega amb el terra, s'escola pel sòl, i agafa algunes substàncies químiques solubles que transporta aigues avall cap a l'oceà.

L'aigua de riu, per exemple, té aproximadament 1/100

de l'1 per cent de sal —no és suficient per notar el gust, però si prou per a ser important.

Llavors, semblaria que l'oceà està guanyant constantment traces de sal i altres productes químics provinents del terra, però que no en perd cap per l'evaporació. Podríem argüir que l'oceà ha d'anar sent més i més salat; molt lentament, és clar, però al llarg dels milions d'anys del temps geològic, la sal s'acumularia enormement. Ara, per exemple, l'oceà conté un 3,5 per cent de material dissolt, la major part del qual és sal comuna.

L'aigua de riu també porta la seva sal a alguns llacs interiors que no tenen connexió amb l'oceà. Allà el material dissolt s'acumula tal com ho fa a l'oceà. Si el llac està en una zona càlida, de manera que el seu ritme mitjà d'evaporació és més gran que el de l'oceà, el material dissolt s'acumula més ràpidament i pot arribar a ser molt més salat que l'oceà. El Mar Mort, tocant a Israel i Jordània, té un 25 per cent de matèria dissolta. És tan salat que res no hi pot viure.

L'oceà, està abocat també a aquest final absolut, a la llarga?

Podria estar-ho si no hi haguessin processos que tendissin a reduir el contingut de sal de l'oceà. Les tempestes, per exemple, fan anar l'escuma de les onades terra endins i juntament amb l'escuma es transporten les sals dissoltes per ser distribuïdes per la terra.

Fins a un grau molt més important, certes combinacions de substàncies dissoltes, quan són presents en concentració suficient, es combinen per formar compostos insolubles que s'enfonsen fins al fons de l'oceà. Altres substàncies, encara que no siguin pròpiament insolubles, es poden combinar amb el material que hi ha al terra de l'oceà. Llavors, també, certes substàncies són absorbides per cèl·lules d'organismes de l'oceà.

El resultat és que l'oceà és molt menys ric en matèria dissolta que el que ho hauria de ser si calculem tot el material que deu haver estat portat pels rius al llarg dels darrers milers de milions d'anys. Per altra banda, el terra de l'oceà és força ric en substàncies que han d'haver vingut de la terra. Grans quantitats de metalls estan distribuïts en nòduls pel terra de l'oceà.

Aleshores, en el transcurs dels temps, braços poc profunds d'oceà poden haver-se fet més estrets a causa de porcions emergents de continent. Aquestes porcions d'oceà es van evaporant gradualment, deixant enrera grans quantitats de material dissolt que d'aquesta manera retornen a la terra. Les mines de sal, a partir de les quals podem obtenir quantitats grans de sal i quantitats menors d'altres substàncies, són les restes que han quedat d'aquests petits trossos d'oceà assecats.

Be, llavors, quin és el resultat global? L'oceà s'està tornant una mica més salat a la llarga? Està esdevenint menys salat en realitat? És que a vegades va en una direcció i a vegades en l'altra, produint-se un equilibri global? Els geòlegs realment no ho saben.

32. **Hi ha realment or a l'oceà?**

Si, és clar, per què no?

L'aigua de la pluja, en el seu camí de tornada cap a l'oceà constantment es filtra dins la terra seca i així dissol una mica de tots els materials en els quals s'embeu i s'escola posteriorment. En conjunt no es dissol gaire i algunes substàncies són menys solubles que d'altres; un cop les substàncies dissoltes arriben a l'oceà, algunes fan el seu camí cap al fons marí.

Tot i així, durant els milions de milions d'anys que ha existit l'oceà, hi ha estat abocat tant material dissolt que hi ha grans quantitats de tots els elements en els compostos mesclats amb les molècules d'aigua del mar.

Aproximadament el 3,25 per cent del mar és matèria

sòlida dissolta; i hi ha $1{,}5\times10^{18}$ metres cúbics d'aigua oceànica, contant-ho tot, que pesen un trilió i mig de tones. Si hom separés tota la matèria de l'aigua del mar, donaria un pes total de 50.000 bilions (50.000.000.000.000.000) de tones. Més de les tres quartes parts de la matèria sòlida són, naturalment, sal comuna, però hi ha una mica de tot a la quarta part restant.

Per exemple, hi ha prou compostos de magnesi per produir un total de mil nou-cents bilions (1.900.000.000.000.000) de tones d'aquest metall. Una reserva així a l'oceà seria suficient per durar-nos un període molt llarg de temps, especialment tenint en compte que el que extreguéssim i gastéssim seria retornat a l'oceà.

Tot i així el magnesi no està escampat de manera irregular, amb bosses riques aquí i allà, tal com passa amb els minerals a la terra. Es troba escampat uniformement per tot l'oceà, cosa que significa que fins i tot si treballéssim amb un rendiment perfecte, per a obtenir-ne un quilogram, hauríem d'extreure el magnesi de 950 litres d'aigua de mar. S'han desenvolupat mètodes per fer-ho econòmicament , i actualment el magnesi s'obté de manera rendible de l'aigua de mar en qualsevol quantitat que es necessiti.

Un altre element present en grans quantitats a l'aigua del mar és el brom (un parent del clor, però menys comú). El mar conté compostos dissolts que podrien produir un total de cent bilions (100.000.000.000.000) de tones de brom. Aquesta quantitat és una vintena part de la reserva de magnesi, per tant es necessitaria obtenir el contingut de vint vegades més aigua de mar —uns 19.000 litres— (amb rendiment perfecte) per obtenir un quilogram de brom. Això, també pot fer-se econòmicament rendible, i el mar és un dels principals subministradors de brom del món.

Un tercer parent del clor i el brom és el iode. Aquest és un element més escàs que els altres dos, a escala mundial, i en l'oceà hi és present en menys d'una mil·lèsima part que el brom. La quantitat total arriba a 86 mil milions de tones, que encara sembla que sigui molt, però això significa que en vint milions de litres d'aigua de mar només n'hi ha un quilogram. Això si que és massa poc perquè sigui rendible la seva extracció directa. Afortunadament, les algues marines extrauen el iode per nosaltres, i hom pot obtenir comercialment quantitats importants de iode a partir de cendres d'algues marines.

Tot això ens porta cap a l'or. La quantitat total d'or a l'aigua del mar és entre 6 i 12 milions de tones. Si aquesta quantitat hagués estat donada al principi del capítol hauria sonat com una gran quantitat. Com a mínim sis milions de tones! Potser dues vegades aquesta quantitat. Ostres!

Ara, però, hom pot veure que això no és gaire. Com que s'haurien d'escorcollar de 130 a 270 mil milions de litres d'oceà per extreure un sol quilogram d'or, costaria molt més que un quilogram d'or fer-ho. Per això l'or es deixa a l'oceà.

33. **Què passaria si es fongués el gel dels pols?**

La superfície de terra ferma del nostre planeta suporta una càrrega d'uns 38 milions de quilòmetres cúbics de gel (del qual aproximadament el 85 per cent és a l'Antàrtida). Com que l'aigua és una mica més densa que el gel, aquesta quantitat de gel, en derretir-se, es quedaria en uns 33 milions de quilòmetres cúbics d'aigua.

Naturalment, si el gel es fongués, gairebé tota l'aigua correria per sobre la terra ferma fins a arribar a l'oceà. L'oceà té una supefície total de 360 milions de quilòmetres quadrats. Si aquesta superfície romangués constant i els vuit milions de milles cúbiques de gel fos es repartissin igualment per tot l'oceà, aquest tindria un gruix de 33/360 o sigui 0,092 quilòmetres. Això significa que la capa de gel fos tindria un gruix de 92 metres.

Tot i així, l'àrea superficial de l'oceà no romandria constant, si el seu nivell creixés es desbordaria uns cinc milions de quilòmetres quadrats sobre les terres baixes al llarg de les costes. Això significa que s'incrementaria l'àrea de la superfície de l'oceà i l'estrat d'aigua nova no seria tan gruixut com el que hem suposat. A més a més, el pes addicional de l'aigua faria abaixar el fons de l'oceà d'alguna manera. Tot i així, probablement el nivell de l'oceà pujaria uns 60 metres, suficient per a assolir el vintè pis de l'Empire State Building i inundar moltes de les zones més densament poblades de la Terra.

Al llarg de la història geològica de la Terra, la quantitat de terra ferma amb gel ha variat considerablement. En la plenitud d'una època glaciar, milers de glaceres avançaven sobre milions de quilòmetres quadrats de terra ferma i el nivell d'aigua de l'oceà disminuïa tant que les plataformes marines superiors quedaven exposades com la terra ferma.

Per altra banda, quan la quantitat de gel és virtualment zero, com ha estat durant desenes de milions d'anys, el nivell de l'oceà és alt i l'àrea continental és petita.

Cap de les dues situacions és necessàriament catastròfica. En la plenitud d'un període glaciar, milions de quilòmetres quadrats de terra ferma són coberts per gel i són inhabitables per a la vida terrestre. Per altra banda, queden exposades i són habitables milions de quilòmetres quadrats de plataformes marines superiors.

Si, a la inversa, el gel es fon, queden coberts d'aigua milions de quilòmetres quadrats de terra ferma que queden inhabitables per a la vida terrestre. Per altra banda, sense gel, i amb àrees de terra ferma més petites, el clima és més igual i hi ha menys deserts, per tant un gran percentatge d'aquesta superfície de terra és habitable. I el canvi en el volum total de l'oceà és relativament petit (com a màxim un 6 o 7 per cent) per tant la vida marina no queda gaire afectada.

Si el canvi en el nivell del mar tingués lloc durant milers o desenes de milers d'anys, com ha estat sempre en el passat, l'home podria sortir-se'n bé. La dificultat rau, però, en el fet que la tecnologia humana està abocant pols i diòxid de carboni a l'aire. La pols tendeix a interceptar la radiació solar i refredar la Terra, mentre que el diòxid de carboni tendeix a agafar calor i escalfar la Terra. Si un efecte predominés molt més que l'altre, la temperatura de la Terra podria baixar o pujar d'una manera relativament ràpida. Poden formar-se glaceres continentals o es pot fondre el casquet de gel en un temps aproximat d'uns cent anys.

Llavors és la rapidesa del canvi, més que no el canvi mateix, el que serà catastròfic.

34. **D'on va venir l'aire que respirem?**

Els planetes varen originar-se, creuen els astrònoms, a partir de remolins de gas i pols constituïts, en general pels diversos elements presents en la seva abundància còsmica usual. Aproximadament el 90 per cent dels àtoms eren d'hidrogen i un 9 per cent d'heli. La resta incloïa tots els altres elements —principalment neó, oxigen, carboni, nitrogen, argó, sofre, silici, magnesi, ferro i alumini.

El globus sòlid de la Terra es va formar a partir d'una mescla de roques de sulfurs i silicats de magnesi, ferro i alumini, amb els seus àtoms units fortament amb forces químiques. L'excedent de ferro es va anar enfonsant lentament a través de la roca per formar un nucli metàl·lic calent.

La matèria sòlida de la Terra, a mesura que s'ajuntava, atrapava algun material gasós i el retenia entre els espais, entre partícules sòlides o bé amb unions químiques febles. Aquests gasos inclourien àtoms d'heli, neó, i argó, que romanien sense combinar; i àtoms d'hidrogen, que tant es combinaven entre ells en parelles per formar molècules d'hidrogen (H_2), o bé es combinaven amb altres àtoms. Podien combinar-se amb oxigen per formar aigua (H_2O), amb nitrogen per formar amoníac (NH_3), o bé amb carboni per formar metà (CH_4).

A mesura que el material que formava la Terra s'anava apilant, els gasos eren expulsats a causa de l'efecte opressor de la pressió i l'efecte més violent de l'acció volcànica. Les molècules d'hidrogen, així com els àtoms d'heli i neó, són massa lleugers per ser retinguts i van escapar-se ràpidament.

L'atmosfera de la Terra va quedar constituïda pel que quedava: vapor d'aigua, amoníac, metà i una mica d'argó. La major part, però no tot, del vapor d'aigua es va condensar per formar un oceà.

Aquest és encara el tipus d'atmosfera que posseeixen planetes com Júpiter i Saturn, que, tanmateix, són suficientment grossos per retenir hidrogen, heli i neó.

L'atmosfera dels planetes més interns, tot i així, va començar a evolucionar químicament. Els raigs ultraviolats de les proximitats del Sol van trencar molècules de vapor d'aigua en hidrogen i oxigen. L'hidrogen es va escapar, però l'oxigen va acumular-se i es va combinar amb l'amoníac i el metà. Amb l'amoníac, l'oxigen s'hi va combinar per formar nitrogen i aigua; amb el metà, per formar diòxid de carboni i aigua. Gradualment, l'atmosfera dels planetes més interns va canviar d'amoníac i metà, a nitrogen i diòxid de carboni. Mart i Venus avui en dia tenen atmosferes de nitrogen i diòxid de carboni, i la Terra ha d'haver tingut una atmosfera com aquesta als inicis de formar-s'hi vida fa milers de milions d'anys.

A més a més una atmosfera com aquesta és estable. Un cop s'ha format, l'acció addicional de l'ultraviolat sobre el vapor d'aigua deixa acumular oxigen lliure (amb molècules constituïdes per dos àtoms d'oxigen, O_2). Més acció de l'ultraviolat transforma aquest oxigen en ozó (amb tres àtoms d'oxigen a la molècula, O_3). L'ozó absorbeix l'ultraviolat i actua de barrera. Molt poc ultraviolat, que trenca molècules d'aigua a la part inferior de l'atmosfera, pot penetrar per la capa d'ozó a l'atmosfera superior i així es para l'evolució química de l'atmosfera —fins al moment en el qual s'afegeix alguna cosa nova.

A la Terra, *s'hi va afegir* alguna cosa nova. S'hi van desenvolupar un grup de formes de vida que podien utilitzar llum *visible* per trencar molècules d'aigua. La llum visible no era parada per la capa d'ozó i el procés (fotosíntesi) podia continuar indefinidament. A través de la fotosíntesi, es consumia diòxid de carboni i s'alliberava oxigen. Així doncs, fa aproximadament uns cinc-cents milions d'anys, l'atmosfera va començar a convertir-se en el nitrogen i oxigen que tenim avui.

35. **Què és l'efecte hivernacle?**

Quan diem que algun objecte és «transparent» perquè podem veure al seu través, no necessàriament volem dir que tots els tipus de llum poden passar a través seu. Per exemple, nosaltres podem veure a través d'un vidre vermell, per això mateix és transparent, però la llum blava no pot travessar-lo. El vidre corrent és transparent per a tots els colors de la llum, però tanmateix només és lleugerament transparent per a la radiació ultraviolada o infraroja.

Ara imaginem una casa de vidre a l'aire lliure i a la llum del Sol. La llum visible del Sol passa bé a través del vidre i és absorbida pel que hi hagi dins la casa. Com a resultat s'escalfen els objectes de dintre la casa, tal com ho fan els de fora exposats directament a la llum solar.

Els objectes escalfats per la llum solar emeten aquesta calor un altre cop en forma de radiació. Tanmateix, no estan a la temperatura del Sol, per tant no emeten llum visible energètica. En comptes d'aquesta, emeten la radiació infraroja molt menys energètica. Al cap d'un temps, emeten igual quantitat d'energia en forma d'infraroig que la que absorbeixen de la llum del Sol, així la seva temperatura roman constant (tot i que estan més calents, és clar, que el que estarien si no estiguessin sota el Sol).

Als objectes a l'aire lliure els costa poc alliberar-se de la seva radiació infraroja, però els objectes escalfats pel Sol de dins de la casa de vidre estan del tot en una altra situació. Només quantitats petites de la radiació infraroja que emeten travessaran el vidre. La major part és reflectida, de manera que aquesta energia s'acumula a dins. La temperatura dels objectes a l'interior de la casa augmenta més considerablement que la temperatura dels objectes de fora. A dins la temperatura creix fins que es filtra prou radiació infraroja pel vidre per establir un equilibri.

A causa d'això, les plantes poden créixer a l'interior d'una casa de vidre fins i tot si la temperatura a l'exterior de la casa és prou freda per a congelar-les. La verdura esponerosa que creix dins d'una casa de vidre com aquesta li dóna el nom d'hivernacle. La calor addicional a dins de l'hivernacle causada pel fet que el vidre és completament transparent a la llum visible i només ho és una mica a l'infraroig s'anomena «efecte hivernacle».

La nostra atmosfera consisteix gairebé del tot en oxigen, nitrogen i argó. Aquests gasos són completament transparents tant a la llum visible com al tipus de radiació infraroja que emet la superfície de la Terra quan és escalfada. No obstant això, l'atmosfera també conté un 0,03 per cent de diòxid de carboni, i aquest és transparent a la llum visible però no ho és gaire a la infraroja. El diòxid de carboni de l'atmosfera actua com el vidre de l'hivernacle.

Com que el diòxid de carboni és present en quantitats tan petites a la nostra atmosfera, l'efecte és relativament menor. Tot i així, la Terra està una mica més calenta que el que estaria si no hi hagués gens de diòxid de carboni. Encara més, si el contingut de diòxid de carboni de l'atmosfera fos el doble, l'efecte hivernacle, ara incrementat, escalfaria la Terra dos graus més i això seria suficient per produir una fusió gradual dels casquets de gel dels pols.

A Venus, sembla trobar-s'hi un efecte hivernacle enorme, ja que la seva espessa atmosfera sembla contenir majoritàriament diòxid de carboni. Els astrònoms esperaven que Venus fos més calent que la Terra ja que està considerablement més a prop del Sol. En no conèixer amb detall la composició de la seva atmosfera, no s'havia esperat l'escalfament addicional que és degut a l'efecte hivernacle. Varen sorprendre's força quan varen trobar que la temperatura de la superfície de Venus era molt més elevada que el punt d'ebullició de l'aigua i centenars de graus més calenta que el que havien esperat.

36. **Què passa amb les sondes còsmiques planetàries quan han passat per un planeta? A on van?**

Quasi tots els satèl·lits llançats pels EUA i la URSS han estat col·locats en òrbita al voltant de la Terra.

L'òrbita d'un satèl·lit, pot naturalment intersectar la superfície de la Terra de manera que retorni al planeta després d'un únic llaç ascendent. Els primers dos vols «suborbitals» de les càpsules Mercuri van ser d'aquest tipus. A vegades l'òrbita d'un satèl·lit fa un llaç tan gros al voltant de la Terra que passa també per darrera la Lluna, com va fer el *Lunik III* en agafar imatges de l'«altra cara» de la Lluna.

Si un satèl·lit és enviat cap amunt a velocitats majors d'11,3 quilòmetres per segon, no estarà influït pel camp gravitatori terrestre, sinó que es mourà al voltant del Sol en una òrbita independent, que té un camp gravitatori més fort que el de la Terra i que pot influir els cossos que es mouen ràpids. Una òrbita al-voltant-del-Sol pot intersectar la superfície d'algun cos celeste, com va ser el cas dels *Rangers VII, VIII,* i *IX,* que van xocar amb la Lluna (a propòsit, és clar).

Un satèl·lit en òrbita al voltant del Sol podria no intersectar la superfície de cap cos celeste, i així mantenir la seva el·lipse indefinidament al voltant del Sol. Les diverses «sondes còsmiques lunars» i «sondes còsmiques planetàries» són d'aquest tipus.

Les sondes còsmiques enviades al voltant del Sol poden tenir les seves trajectòries ajustades de manera que en el transcurs de la seva primera revolució s'acostin molt a prop de la Lluna (*Pioneer IV*), de Venus (*Mariner II)* o de Mart (*Meriner IV*). En el transcurs d'aquest apropament, la sonda còsmica enviarà informació sobre el cos que passa i l'espai que l'envolta. Llavors la sonda còsmica deixarà enrera el cos celeste i continuarà en la seva òrbita al voltant del Sol.

Si les sondes còsmiques no estiguessin afectades pel camp gravitatori del planeta pel qual passen, a la llarga tornarien al punt de l'espai des del qual van ser llançades (però la Terra s'hauria mogut sobre la seva òrbita en aquest temps i ja no seria allà).

El que passa, tanmateix, és que la sonda còsmica planetària es mou en una òrbita nova com a resultat de l'atracció del planeta pel qual passa. En realitat, la seva òrbita canvia d'alguna manera cada vegada que passa bastant a prop d'algun cos amb molta massa, de manera que és gairebé impossible predir exactament a on serà una sonda còsmica després d'una o dues voltes al voltant del Sol. Les equacions que representen els seus moviments són massa complicades perquè valgui la pena intentar solucionar-les.

És clar que si les sondes còsmiques poguessin continuar emetent un senyal podrien ser seguides a qualsevol lloc de la seva òrbita —especialment a prop de la Terra.

Un cop s'acaben les bateries d'una sonda còsmica es

perden els satèl·lits. No poden emetre senyals i són massa petites per a ser vistes. Totes les sondes còsmiques es perden amb el temps, i amb això ja s'hi compta.

Tanmateix continuen seguint òrbites al voltant del Sol i romanen en les mateixes regions generals de l'espai. No s'endinsen en viatges llargs a altres planetes. Quan ja no rebem informació d'ells, no tenen utilitat i només poden titllar-les d'«escombraries interplanetàries». Si no s'estavellen contra la Terra, la Lluna, Mart o Venus en alguna revolució futura al voltant del Sol, poden estar per sempre en òrbita.

37. **Com s'acabarà la Terra?**

El primer que va intentar fer un estudi detallat de la història de la Terra, del seu passat i del seu futur possible, sense fer referència a la intervenció divina, va ser el geòleg escocès James Hutton. El 1875, va publicar el seu primer llibre sobre geologia moderna i va haver d'admetre que, a partir de l'estudi de la Terra, no podia veure senyals d'un començament ni perspectives d'un final.

Des de llavors hem anat més lluny. Estem quasi segurs que la Terra va agafar la seva forma actual fa aproximadament 4.700 milions d'anys. Va ser més o menys llavors que, a partir de la pols i el gas de la nebulosa original que va formar el Sistema Solar, la Terra va començar a ser tal com la coneixem. Un cop va estar formada, la Terra, si la *deixessin tranquil·la* com una col·lecció de metall i roca coberta per una fina pel·lícula d'aigua i aire, pel que sabem, existiria per sempre.

Però la deixaran tranquil·la?

L'objecte més pròxim que és suficientment gros i que té prou energia per afectar seriosament la Terra és el Sol. Tant de temps com el Sol mantingui el seu nivell actual d'activitat (que ha tingut durant milers de milions d'anys), la Terra continuarà sense canvis essencials. Però el Sol, pot continuar mantenint aquest nivell? I si no ho fes, quins canvis passarien i com afectarien la Terra aquests canvis?

Fins als anys 30 semblava obvi que el Sol, com qualsevol altre objecte calent, simplement s'havia de refredar. S'havia mantingut abocant energia a l'espai i, si es mantenia fent-ho, aquell flux immens s'aniria alentint i gradualment es reduiria a un raget. Quan això passés el Sol es refredaria i es tornaria de color carbassa, després verd, s'aniria apagant i apagant, i finalment s'apagaria del tot.

Sota aquestes condicions la Terra també s'aniria refredant lentament. La seva aigua s'aniria congelant; les àrees polars s'expandirien. Amb el temps; ni les regions equatorials tindrien prou calor per a mantenir-hi vida.Tot l'oceà es congelaria formant un bloc de gel sòlid; el mateix aire es liquaria i es congelaria. Durant incomptables bilions d'anys la Terra congelada (i tots els seus planetes companys) rodarien al voltant del Sol mort.

Però sota totes aquestes condicions la Terra encara existiria com a planeta.

Tot i així, als anys 30 els científics nuclears van començar a elaborar per primera vegada les reaccions nuclears que passaven a l'interior del Sol i d'altres estrelles. Van trobar que tot i que el Sol a la llarga s'havia de refredar, hi hauria períodes de fort escalfament que precedirien a aquell final. Un cop s'hagi consumit la major part del combustible bàsic d'hidrogen, tindran lloc altres reaccions nuclears que escalfaran el Sol i faran que s'expandeixi enormement. Tot i que desprendrà més calor total, cada trosset de la seva, ara, enorme superfície tindrà una fracció més petita d'aquesta calor i es refredarà. El sol esdevindrà una gegant roja.

Sota aquestes condicions, és probable que la Terra primer es converteixi en cendres i a la llarga es vaporitzi. En aquest cas, la Terra arribarà realment a un final com a cos planetari. Però encara no es preocupi gaire al respecte. Compti amb uns vuit mil milions d'anys.

38. **Què és un físic teòric i quin tipus de treball fa?**

La ciència de la física tracta principalment de l'energia sota les seves diverses formes i de la interacció de matèria i energia. Un físic estaria interessat en les lleis que regeixen el moviment, ja que qualsevol tros de matèria en moviment tindria «energia cinètica». Estaria interessat en la calor, el so, la llum, l'electricitat, el magnetisme i la radioactivitat, ja que tots representen formes d'energia. Al segle vint, fins i tot es va fer aparent que la massa és una forma d'energia.

Un físic també estaria interessat en com una forma d'energia es converteix en una altra i en les lleis que regeixen aquesta conversió.

Naturalment, els físics poden especialitzar-se. Si un d'ells està interessat particularment en la interacció entre energia i partícules subatòmiques, és un «físic nuclear». (El nucli és l'estructura principal dins de l'àtom). Si està interessat en la interacció entre energia i matèria a les estrelles, és un «astrofísic» (la paraula grega «aster» significa «estrella»).

De la mateixa manera, algú que està interessat particularment en els aspectes energètics de les reaccions químiques és un «químic físic» i algú que està interessat principalment en la manera com els teixits vius produeixen i utilitzen l'energia és un «biofísic» (la paraula grega «bios» significa «vida»).

Un físic pot estar absort a fer mesures acurades sota diverses condicions controlades. Pot voler mesurar la quantitat exacta de calor produïda per certes reaccions químiques. Pot voler mesurar la forma exacta en la qual minúsculs potencials elèctrics en el cervell varien sota la influència de certes drogues. En tots aquests casos, essencialment és un «físic experimental».

Per altra banda, un físic pot estar interessat particularment a estudiar acuradament mesures que ja han estat obtingudes, per tal de veure si se'n pot treure algun sentit general. Potser pot representar algunes relacions matemàtiques que poden explicar per què totes aquelles mesures són com són. Si elaborés una relació matemàtica així, la podria utilitzar per predir els valors d'altres mesures que encara no han estat fets. Si aquestes mesures, un cop s'haguessin fet, resultessin ser tal com s'havien predit, podria haver proposat el que sovint s'anomena una «llei de la natura».

Els físics que opten per elaborar lleis de la natura d'aquesta manera són «físics teòrics».

Hi ha físics experimentals molt brillants que no estan particularment interessats a teoritzar. Albert A. Michelson, que va inventar l'interferòmetre i va fer mesures molt acurades de la velocitat de la llum, n'és un exemple. També hi ha físics teòrics molt brillants que no estan gens interessats a experimentar. Albert Einstein, el fundador de la teoria de la relativitat, en va ser un.

Tant els físics teòrics com els experimentals són extremadament valuosos per a la ciència, encara que els primers es restringeixen al mesurament i els darrers al raonament matemàtic. Tanmateix sempre és fascinant trobar algú que sigui un primera classe tant com a experimentador com a teòric. Enrico Fermi va ser un exemple rellevant d'aquests físics de «dues cares» (també va ser un professor rellevant, cosa que el va fer, potser, de «tres cares»).

39. **El temps, és una il·lusió o existeix realment? Com el descriuria?**

El temps, per començar, és un tema psicològic; és un sentit de durada.

Hom menja i després, al cap d'una estona, hom torna a tenir gana. És de dia, llavors, al cap d'una estona, és de nit.

El que és aquest sentit de durada, el que fa que hom estigui pendent d'alguna cosa que passa «al cap d'una estona», és part del problema del mecanisme de la ment en general —un problema que encara s'ha de solucionar.

Cada individu s'adona que aquesta sensació de durada varia amb les circumstàncies. Un dia de treball sembla molt més llarg que un dia amb l'enamorat; una hora de lectura espessa sembla més llarga que una hora jugant a cartes. Això podria significar que el que anomenem un «dia» o una «hora» és més llarg alguns dies que altres; però aquí hi ha una trampa. Un període de durada que sembla més curt per a una persona pot semblar més llarg per a una altra, i és probable que no sembli ni llarg ni curt a una tercera persona.

Si el sentit de durada ha de ser útil per a un grup de gent, hom ha de trobar algun mètode de mesurar-ne la llargada que sigui universal i no personal. Si un grup queda d'acord a trobar-se «exactament d'aquí a sis setmanes», no serviria de res que cada individu estigués al lloc de trobada quan sentís en algun lloc a dins seu que havien passat sis setmanes. En comptes d'això, tots han d'estar d'acord a comptar quaranta-dos períodes de llum-foscor i llavors presentar-se sense tenir en compte el que els digui el seu sentit de durada.

Quan hom tria algun fenomen físic objectiu per tal de substituir comptar mitjançant el nostre sentit de durada innat, tenim alguna cosa a la qual ens podem referir com a «temps». En aquest sentit, no hem d'intentar definir el temps com alguna cosa, sinó simplement com un sistema de mesura.

Les primeres mesures del temps implicaven fenòmens astronòmics periòdics: la repetició del migdia (el Sol a la màxima altura) indicava el dia; la repetició de la lluna nova indicava el mes; la repetició de l'equinocci de primavera (el Sol de migdia sobre l'equador després de l'estació freda) indicava l'any. En dividir el dia en unitats petites iguals tenim les hores, els minuts i els segons.

Aquestes unitats de temps petites no van poder ser mesurades acuradament, fins que no es va utilitzar un moviment periòdic més ràpid que el de la repetició del migdia. L'ús de cada oscil·lació d'un pèndol o d'un diapasó van fer possibles els rellotges moderns al segle disset. Llavors la mesura del temps va començar a ser raonablement precisa. Avui en dia, utilitzem les vibracions dels àtoms per a una major precisió.

Com podem estar segurs que aquests fenòmens periòdics són realment iguals? No poden ser tan irreals com el nostre sentit de durada?

Pot ser, però hi ha diverses maneres independents de mesurar el temps i podem comparar les unes amb les altres. Si qualsevol d'elles fos marcadament desigual a les altres, quedaria demostrat en comparar-la amb les altres. Si *totes*les maneres fossin desiguals, llavors és molt poc probable que totes ho fossin exactament de la mateixa manera. Si els mètodes de mesurar el pas del temps són molt semblants, *tal com són*, només podem concloure que els diversos fenòmens periòdics que utilitzem són realment iguals (però no exactament iguals. La durada d'un dia, per exemple, varia molt lleugerament).

Les mesures físiques mesuren el temps físic. Diversos organismes, inclòs l'home, tenen mètodes per establir-se a fenòmens periòdics (com el de dormir i estar despert) sense tenir cap referència de fenòmens externs (com el dia i la nit). Tanmateix, aquest «temps biològic» encara no és tan inexorable com el temps físic.

I, és clar, hi ha un sentit de durada o «temps psicològic». Fins i tot amb un rellotge a la vista, *encara* sembla que un dia de treball duri més que un dia sense l'estimat.

40. **Quina és la unitat de temps més petita possible?**

Poc després del 1800, hom va suggerir que la matèria estava constituïda per certes unitats petites anomenades «àtoms». Poc després del 1900, hom va acceptar que l'energia estava constituïda per certes unitats petites anomenades «quanta». Bé, llavors, hi ha alguna altra quantitat mesurada que estigui constituïda per unitats petites fixes? Per exemple, ho és el temps?

Hi ha dues maneres de trobar una «unitat al més petita possible». Hi ha la manera directa de dividir alguna quantitat mesurada fins que ja no es pugui dividir més —dividir masses mesurades en quantitats més i més petites fins a obtenir un sol àtom, o dividir energies mesurades fins a tenir un sol quantum. L'altra manera és la indirecta, que consisteix en observar algun fenomen que no pot ser explicat a no ser que hom *assumeixi* l'existència d'una unitat al més petita possible.

En el cas de la matèria, una gran varietat d'observacions químiques, incloent-hi la «llei de les proporcions definides» i la «llei de les proporcions múltiples», van fer necessària una teoria atòmica. En el cas de l'energia, la consideració de la radiació d'un cos negre i la de l'existència de l'efecte fotoelèctric van fer necessària la teoria quàntica.

En el cas del temps, el mètode indirecte no funciona —com a mínim fins ara. No s'han observat fenòmens que facin necessari suposar que hi ha una unitat més petita possible de temps.

I què hi ha del mètode directe? Podem observar temps més i més curts fins a arribar a alguna cosa que sigui la menor possible?

Els físics van començar a tractar amb intervals de temps ultracurts després de la descoberta de la radioactivitat. Alguns tipus d'àtoms tenien una vida mitjana molt curta. El poloni-212, per exemple, té una vida mitjana de menys d'una milionèsima (10^{-6}) de segon. Es descomponia en el temps que tarda la Terra a recórrer una polzada (2,54 cm) en el seu viatge al voltant del Sol a 29,8 quilòmetres per segon. Tot i que els físics van estudiar aquests processos amb detall, no van trobar cap senyal, en aquest interval, que el temps fluís a petites porcions i no contínuament.

Però podem anar més lluny. Algunes partícules subatòmiques es desintegren en intervals molt més curts. En una cambra de bombolles, certes partícules, en viatjar a velocitats molt pròximes a la de la llum, poden formar traces de tres centímetres de llargada entre la seva formació i la seva desintegració. Això correspon a un temps de vida d'una deumilmilionèsima (10^{-10}) de segon.

Però això encara no és el millor. Als anys 60, hom va descobrir partícules amb una vida singularment curta. Existien d'una manera tan breu que, fins i tot viatjant a la velocitat de la llum no podien moure's prou per deixar un traç mesurable. La durada del temps que existien havia d'ésser calculat per mètodes indirectes i resultava que aquestes «partícules de ressonància» de vida ultracurta només existien durant deu quatrilionèsimes (10^{-23}) de segon.

Un temps tan curt és impossible de copsar. El temps de vida d'una partícula de ressonància és a una milionèsima de segon com una milionèsima de segon és a 3.000 anys.

O mirant-ho d'una altra forma. La llum viatja en el buit a gairebé 300.000 quilòmetres per segon i aquesta és la velocitat més ràpida coneguda. Quin espai pot recórrer la llum en el temps que es forma i es desintegra una partícula de ressonància? La resposta és 10^{-13} centímetres, aproximadament l'amplada d'un protó!

Encara no hi ha motius per creure que el temps de vida d'una partícula de ressonància ha de ser la porció més petita de temps que pugui existir. Encara no hi ha evidències d'un límit.

41. **Què és la quarta dimensió?**

La paraula «dimensió» prové del llatí i significa «mesurar completament». Provem doncs de fer algunes mesures.

Suposi que té una línia i que vol localitzar-hi un punt fix, X, de manera que qualsevol persona pugui localitzar aquest punt a partir de la seva descripció. Vostè, per començar fa una marca a qualsevol lloc de la línia, i la marca com a «zero». Llavors fa una mesura i troba que la X està exactament a dos centímetres de la marca del zero. Si és a un cantó, vostè estarà d'acord a anomenar la distància +2; si és a l'altre costat, és -2.

Llavors el seu punt és localitzat amb un sol nombre, sempre que tothom estigui d'acord en les «convencions» a on és la marca del zero, i quin cantó és positiu i quin és negatiu.

Com que només es necessita un nombre per localitzar un punt sobre una línia, la línia, o qualsevol part d'ella, és «unidimensional» («un sol nombre per mesurar completament»).

Suposi, però, que vostè té un full gros de paper i que vol localitzar-hi un punt determinat. Comença a partir del seu zero i troba que és cinc centímetres més avall, però en quina direcció? Pot analitzar-ho en dues direccions. És tres centímetres al nord i quatre centímetres a l'est. Si vostè anomena el nord positiu i el sud negatiu, i l'est positiu i l'oest negatiu, pot localitzar el punt amb dos nombres: +3, +4.

També hauria pogut dir que estava a 5 centímetres del zero a un angle de 36,87° de la línia est-oest. Aquí un altre cop hi ha dos nombres: 5 i 36,87°. Independentment de com ho faci, ha de tenir dos nombre per a localitzar un punt determinat d'un pla. Un pla o qualsevol part d'ell és bidimensional.

Ara suposi que té un espai com el de l'interior d'una habitació. Un punt determinat, X, podria estar localitzat a 5 centímetres al nord d'un cert zero, 2 centímetres a l'est d'aquest, i 15 centímetres *per sobre* d'ell. També podria localitzar-lo donant una distància i dos angles. Tanmateix el talli com el talli, necessitarà tres nombres per localitzar un punt determinat a l'interior d'una habitació (o a l'interior de l'univers).

L'habitació, o l'univers, és doncs tridimensional.

Suposem que hi hagués un espai de tal naturalesa que fossin absolutament necessaris quatre, cinc o divuit nombres per localitzar-hi un punt determinat. Aquest seria un espai quadridimensional, o de cinc dimensions o de divuit dimensions. Espais com aquests no existeixen a l'univers ordinari, però els matemàtics poden imaginar aquests «hiperespais» i calcular quines propietats tindrien les corresponents figures matemàtiques en aquests espais. També elaboren les propietats d'elements que serien certes per a un espai de qualsevol dimensió. Aquesta és la geometria n-dimensional.

Però què passaria si hom tractés amb punts que no estan fixos, sinó que canvien la seva posició amb el temps? Si vostè volgués localitzar un mosquit que està volant per una habitació, donaria els tres nombres corrents: nord-sud, est-oest i amunt-avall. *Llavors* vostè hauria d'afegir un quart nombre que representés el temps, perquè el mosquit només hauria estat en aquella posició espacial un moment determinat, i vostè ha d'identificar aquest moment.

Això és veritat per a tot en l'univers. Hom té l'espai, que és tridimensional, i hom ha d'afegir el temps per obtenir un «espai-temps» quatridimensional. Tot i així, el temps s'ha de tractar diferent de les tres «dimensions espacials». A certes equacions clau a on els símbols de les tres dimensions espacials tenen un signe positiu, el temps ha de tenir el símbol negatiu.

Per tant no hem de dir que el temps és *la* quarta dimensió. Senzillament és una quarta dimensió, diferent de les altres tres.

42. **Què vol dir espai corbat?**

En trobar per primera vegada la noció d'«espai corbat» de la qual parla la teoria de la relativitat d'Einstein, potser hom té el dret de sentir-se desconcentrat. Com pot estar corbat l'espai buit? Com es pot doblegar la buidor?

Per veure com això pot existir, comencem imaginant algú en una nau espacial mirant acuradament un planeta pròxim. El planeta està cobert completament per un oceà profund, de manera que hi ha una esfera amb una superfície tan polida com la d'una bola de billar. Suposem que hi ha un vaixell navegant per l'oceà planetari, al llarg de l'equador, que va de dret cap a l'est.

Ara imaginem una cosa més. El planeta és completament invisible per a l'observador. Tot el que ell pot veure és el vaixell. A mesura que estudia la seva trajectòria de moviment, per a sorpresa seva troba que el vaixell segueix un camí circular. A la llarga tornarà al seu punt de partida i llavors haurà resseguit un cercle sencer.

Si el vaixell canvia el seu rumb, la línia es corba i ja no és un cercle senzill. Tot i així, no importa cap on canviï el seu rumb, no importa com canviï de direcció i torni enrera, la seva trajectòria encaixarà en la superfície d'una esfera.

De tot això el nostre observador pot deduir que el vaixell està agafat a una superfície esfèrica invisible mitjançant una força de la gravetat al centre de l'esfera. O potser pot decidir que el vaixell està confinat en una particular secció de l'espai i aquesta secció està corbada en el sentit que força el vaixell a seguir el rumb que fa; una secció de l'espai corbada en forma d'esfera. En altres paraules, la tria és entre una força i una geometria espacial.

Hom pot pensar que aquesta és una situació imaginària, però realment no ho és. El nostre planeta es mou en una el·lipse al voltant del Sol, com si estigués navegant al llarg d'alguna superfície corba invisible. Nosaltres expliquem aquesta el·lipse suposant que hi ha una força de gravetat que s'exerceix entre el Sol i la Terra que manté la Terra a la seva òrbita.

Però suposem que en comptes d'això consideréssim la geometria de l'espai. Podríem definir la geometria de l'espai no en mirar el propi espai, que és invisible i no pot ser vist, sinó per la manera en què s'hi mouen els objectes. Si l'espai fos «pla», llavors els objectes s'hi mourien seguint línies rectes; si l'espai fos «corbat» llavors els objectes seguirien trajectòries corbes.

Un objecte d'una massa i velocitat determinades movent-se a una gran distància d'una altra massa gairebé es mou en línia recta. Si s'acosta a una altra massa, la seva trajectòria esdevé més i més corba. Aparentment, la massa corba l'espai; com més gran i més propera està la massa, més forta és la corbatura.

Pot semblar molt més natural i pràctic parlar de la gravitació com una força que com una geometria espacial—fins que es té en compte la llum. La llum no té massa i no hauria de ser afectada per la força gravitatòria segons les idees antigues. Si, tanmateix, la llum viatja a través de l'espai corbat, llavors també s'hauria de corbar la seva trajectòria. Tenint en compte la velocitat de la llum, pot calcular-se quant es corbaria la seva trajectòria en passar a prop de la massa enorme del Sol.

El 1919, va provar-se aquesta part de la teoria d'Einstein

(anunciada tres anys abans) durant un eclipsi de Sol. La posició de les estrelles pròximes al Sol van ser comparades amb les posicions enregistrades quan el Sol no era en aquella part del cel. La teoria d'Einstein va ser confirmada i semblava més apropiat parlar de la gravetat en termes d'espai corbat més que en termes de força.

També és de justícia dir, però, que el 1967 certes mesures acurades de la forma del Sol van qüestionar la teoria de la gravitació d'Einstein. El que passarà ara i en el futur haurem d'esperar i veure-ho.

43. **A moltes històries de ciència-ficció llegeixo sobre «camps de forces» i «hiperespai». Què són? Existeixen realment?**

Cada partícula subatòmica produeix un o més dels quatre tipus d'influències. Aquestes són la gravitacional, l'electromagnètica, la nuclear feble i la nuclear forta. Cada influència es propaga a partir de la seva font d'origen com un «camp» que, en teoria, s'estén per tot l'univers. Camps similars provinents de grans quantitats de partícules poden sumar les seves influències i produir camps immensament intensos. D'aquesta manera, tot i que el camp gravitatori és per molt el més feble dels quatre, el camp gravitatori del Sol, un cos constituït per un gran nombre de partícules, és enorme.

Es pot fer que dues partícules dins d'un camp com aquest, s'apropin o bé s'allunyin entre elles, depenent de la naturalesa de les partícules del camp, i amb una acceleració que depèn de com estiguin d'apartades entre elles. Aquestes acceleracions normalment s'interpreta que són causades per «forces», per tant hom parla de «camps de força». En aquest sentit existeixen de debò.

Tanmateix, els camps de força que nosaltres coneixem sempre tenen matèria com a font del camp i no existeixen en absència de matèria. A les històries de ciència-ficció, per altra banda, sovint és útil imaginar la constitució de camps de força forts sense matèria. Hom pot tenir una secció de buit que servirà de barrera a les partícules i a la radiació com si fos una peça sòlida d'acer de sis peus de gruix. Tindria totes les forces interatòmiques però cap dels àtoms que produeixen aquestes forces. Aquests «camps de força sense matèria» són un recurs molt útil per a la ciència-ficció però, ai las!, no tenen fonaments a la ciència que coneixem actualment.

L'«hiperespai» és un altre recurs útil per a la ciència-ficció; un intent d'esquivar la barrera de la velocitat de la llum.

Per veure com funciona, pensi en un gran full de paper, pla, en el qual hi ha dos punts separats sis peus l'un de l'altre. Ara, imagini's un cargol extraordinàriament lent que només pot viatjar a un peu per hora. Està clar que tardarà sis hores a viatjar d'un punt a l'altre.

Però suposi que dobleguem el paper, que és en essència bidimensional, en la tercera dimensió, per portar els punts a prop un de l'altre. Si ara només estiguessin separats una dècima de polzada i el cargol pogués passar el forat d'aire que hi ha entre els dos extrems del full de paper que han estat doblegats d'aquesta manera, podria anar d'un punt a l'altre en només mig minut.

Ara per analogia, si dues estrelles estan separades cinquanta anys-llum, llavors una nau espacial anant a la màxima velocitat, la de la llum, tardaria cinquanta anys a anar d'una a l'altra (en relació a algú que estigués en qualsevol d'aquests sistemes estel·lars). Això crea moltíssimes complicacions i els escriptors de ciència-ficció creuen que poden simplificar els seus arguments si fan com si l'estructura en essència tridimensional de l'espai es pogués doblegar en una quarta dimensió espacial de manera que les estrelles estiguessin separades només per un petit forat quadridimensional. Així la nau travessa aquest forat i va d'una estrella a l'altra en un període de temps molt curt.

Els matemàtics solen parlar dels objectes amb quatre dimensions, fent referència a objectes tridimensionals anàlegs i afegint el prefix «hiper», una expressió grega que significa «al damunt», «sobre» o «més enllà de». Un objecte la superfície del qual és equidistant del centre a totes quatre dimensions és una «hiperesfera». D'una manera similar podem tenir un «hipertetraedre», un «hipercub» i un «hiperel·lipsoide». Fent servir aquesta convenció, podem parlar del forat quadridimensional entre les estrelles com de l'«hiperespai».

Però, ai las!, tot i que l'hiperespai pugui ser útil per a l'escriptor de ciència-ficció, no hi ha res a la ciència que coneixem que demostri que existeix com a res més que una abstracció matemàtica.

44. **Què és l'antigravetat? Com pot ser estudiada?**

Hi ha dos tipus de camps, l'electromagnètic i el gravitatori, que decreixen en intensitat amb el quadrat de la distància. Aquesta caiguda d'intensitat és prou petita per permetre que els camps electromagnètic i gravitatori puguin detectar-se a grans distàncies. La Terra està agafada fermament al domini del camp gravitatori del Sol tot i que el Sol és a 150 milions de quilòmetres de distància.

Tot i així, el camp gravitatori és de bon tros el més feble dels dos. El camp electromagnètic que produeix un electró és uns quatre septilions de vegades més fort que el camp gravitatori que produeix. En efecte, el camp gravitatori sembla més gran. Tots nosaltres tenim una experiència dolorosa relacionada amb la força del camp gravitatori de la Terra cada vegada que caiem. Però això només es degut al fet que la Terra sigui tan grossa. Cada fragment diminut d'ella contribueix al camp gravitatori i al final el total és enorme.

Però suposem que agafem 100 milions d'electrons (una quantitat massa petita per veure en un microscopi encara que tots s'ajuntessin en un punt) i els escampem en un volum de la mida de la Terra. Produirien un camp electromagnètic igual al camp gravitatori de tota la Terra.

Per què no tenim més coneixement dels camps electromagnètics que dels gravitatoris?

Perquè hi intervé una altra diferència. Hi ha dos tipus de càrrega elèctrica, anomenades positiva i negativa, de manera que un camp electromagnètic pot resultar en atracció (entre una càrrega positiva i una de negativa) o en repulsió (entre dues càrregues positives o dues de negatives). De fet, si el volum de la Terra només contingués 100 milions d'electrons, aquests es repel·lirien entre ells i s'escamparien molt lluny i separats.

Les forces d'atracció i repulsió electromagnètica serveixen per mesclar a fons les càrregues positives i negatives, de manera que l'efecte d'aquestes càrregues tendeix a anul·lar-se. Poden produir-se excedents i dèficits d'electrons molt minúsculs i el que nosaltres estudiem són els camps electromagnètics d'aquests excedents i dèficits minúsculs.

Tot i així, el camp gravitatori sembla que *només* produeix una força d'atracció. Tot objecte que té massa atreu a qualsevol altre objecte que tingui massa, i a mesura que la massa s'ajunta també ho fa la intensitat del camp gravitatori sense supressió.

Si un objecte amb massa repel·lís un altre objecte amb massa amb la mateixa intensitat i de la mateixa manera que s'atrauen l'un a l'altre sota les condicions gravitatòries normals, llavors hi hauria «antigravetat» o «gravetat negativa».

Aquesta repulsió gravitatòria no s'ha detectat mai, però això pot ser degut al fet que tots els objectes ordinaris que podem estudiar en detall estan constituïts per partícules ordinàries.

També hi ha «antipartícules» que són iguals que les partícules comunes que coneixem, excepte per la inversió del camp electromagnètic. Quan una partícula concreta té càrrega negativa, l'antipartícula corresponent té càrrega positiva, etcètera. Potser les antipartícules també tenen invertit el camp gravitatori. Llavors dues antipartícules s'atraurien gravitatòriament entre elles tal com ho fan les partícules, però una partícula repel·liria una partícula comuna.

El problema és que un camp gravitatori és tan feble que no pot ser detectat en partícules o antipartícules individuals sinó només en masses grans. Nosaltres tenim masses mesurables de partícules, però ningú no ha reunit una massa considerable d'antipartícules en un lloc. Ni tampoc ningú no ha suggerit cap alternativa pràctica per detectar efectes gravitatoris.

45. **Quina és la velocitat de la gravitació?**

Una manera més llarga, però potser més clara de fer aquesta pregunta és aquesta: Suposem que el Sol deixés d'existir de sobte i es convertís en no-res. Quant de temps passaria abans que la Terra deixés d'estar sotmesa al seu camp gravitatori?

Una pregunta similar pot ser: Quant temps després de desaparèixer el Sol, la Terra deixaria de rebre la seva llum?

La resposta a la segona pregunta la coneixem bastant bé. Sabem que el Sol és a poc menys de 150 milions de quilòmetres de la Terra i també sabem que la llum es propaga en el buit a 299.793 quilòmetres per segon. L'últim raig de llum que sortís del Sol, just abans de desaparèixer, tardaria 8,3 minuts a arribar a la Terra. En altres paraules, veuríem com el Sol desapareix 8,3 minuts després que desaparegués de veritat.

El motiu pel qual és fàcil respondre la pregunta sobre la llum és que hi ha un nombre de maneres de mesurar realment la velocitat a la qual la llum es propaga. Aquestes mesures són viables gràcies al fet que podem detectar canvis en la llum molt tènue emesa per un cos celeste, i en la nostra habilitat per produir feixos de llum bastant forts.

No tenim aquestes facilitats amb els camps gravitatoris. És molt difícil estudiar canvis lleugers en camps gravitatoris febles i no podem produir efectes gravitatoris forts extensibles a grans distàncies aquí a la Terra.

Així doncs hem de recórrer a la teoria. Hi ha quatre tipus d'interaccions conegudes en l'univers: 1) la nuclear forta, 2) la nuclear feble, 3) l'electromagnètica, i 4) la gravitatòria. D'aquestes, les dues primeres són de curt abast, decreixen molt ràpidament amb la distància. A distàncies majors que l'amplada d'un nucli atòmic, les interaccions nuclears són tan febles que poden ser ignorades. Les interaccions electromagnètica i gravitatòria, en canvi, són de llarg abast. Només decreixen amb el quadrat de la distància. Això vol dir que poden fer-se sentir fins i tot a distàncies astronòmiques.

Els físics creuen que tota interacció entre dos cossos té lloc a través de l'intercanvi de partícules subatòmiques. Quan més massa té l'intercanvi de partícules, més curt és l'abast de la interacció. Així, la interacció nuclear forta és resultat de l'intercanvi de pions que tenen una massa de 270 vegades la de l'electró. La interacció nuclear feble és resultat de l'intercanvi de les encara més grans partícules W (que no van ser detectades fins als anys vuitanta)[1]

Si en un intercanvi de partícules no hi intervé gens de massa, llavors la interacció és d'un abast tan llarg com sigui possible, aquest és el cas de la radiació electromag-

1. N. de la T. L'italià C.Rubbia i l'holandès S.van der Meer van ser guardonats amb el Premi Nobel de Física el 1984 pel seu descobriment de les partícules W i Z

nètica. La partícula d'intercanvi és el fotó sense massa. Un corrent d'aquests fotons sense massa provoca un feix de llum o de radiacions relacionades. La interacció gravitatòria, d'abast tan llarg com l'electromagnètica, també ha d'implicar una partícula d'intercanvi sense massa que s'anomena gravitó.

Però els físics tenen molta raó en suposar que aquestes partícules sense massa només poden propagar-se en el buit a la velocitat de la llum; és a dir a 29.793 quilòmetres per segon, ni més ni menys.

Si això és així, llavors els gravitons es propaguen exactament a la mateixa velocitat que els fotons. Això significa que si el Sol desaparegués, l'últim gravitó que emetés arribaria a nosaltres exactament al mateix temps que ho farien els fotons. Al moment que veiéssim desaparèixer el Sol, també deixaríem d'estar sota la seva atracció gravitatòria.

En altres paraules, la gravitació viatja a la velocitat de la llum.

46. **Què és la teoria del camp unificat?**

A mitjan segle dinou, es coneixien quatre fenòmens que podien fer sentir els seus efectes a través del buit. Eren: 1) la gravitació, 2) la llum, 3) l'atracció i la repulsió elèctriques, i 4) l'atracció i la repulsió magnètiques.

Al principi aquests quatre fenòmens semblaven completament independents, no tenien cap connexió necessària l'un amb l'altre. Això no obstant, entre 1864 i 1873, el físic teòric escocès J. Clerk Maxwell va analitzar matemàticament els fenòmens elèctrics i magnètics. Va trobar que podia elaborar algunes relacions bàsiques («equacions de Maxwell») que descrivien tant els fenòmens elèctrics com els magnètics d'una manera que demostrava que cadascun era dependent de l'altre. Hom no podia tenir un efecte elèctric sense tenir també un cert efecte magnètic inherent i viceversa. En altres paraules, hom podia parlar d'un «camp electromagnètic» que s'expandia en el buit i que, per contacte, afectaria tots els cossos que es trobés en relació amb la intensitat del camp en aquell punt de l'espai.

A més a més, Maxwell va demostrar que si aquest camp es feia oscil·lar d'una manera regular, emetria una radiació que es mouria lluny de la font d'oscil·lació a la velocitat de la llum i en totes direccions. La pròpia llum era una d'aquestes «radiacions electromagnètiques» i Maxwell va predir l'existència de formes de llum amb longituds d'ona molt més grans i molt més petites que la llum comuna. Aquestes altres formes de llum van ser descobertes al llarg de les dues dècades següents, i actualment hom parla de l'«espectre electromagnètic» sencer.

D'aquesta manera, dels quatre fenòmens mencionats al començament d'aquest assaig, tres (l'electricitat, el magnetisme i la llum) es combinaven en un sol camp. Però encara es deixava la gravetat a fora. Teníem 1) un camp gravitatori i 2) un camp magnètic, i aquests semblaven encara ser dos camps independents.

Els físics, tanmateix, creien que seria més enginyós si només hi hagués un únic camp (això és la «teoria del camp unificat»), i han estat buscant diverses maneres de descriure tant els efectes electromagnètics com els gravitatoris de manera que l'existència d'un pogués ser utilitzada per a descriure la naturalesa de l'existència de l'altre.

Tot i que es descobrissin equacions que combinessin els efectes electromagnètics i els gravitatoris, encara es quedarien curtes, per als estàndards moderns, per proporcionar-nos un camp veritablement unificat. A partir de 1935, s'han descobert dos nous tipus de camps, ambdós només afecten les partícules subatòmiques i, tot i així, només a distàncies no superiors a la del diàmetre del nucli atòmic. Són la «interacció nuclear forta» i la «interacció nuclear feble».

Un camp unificat vertader hauria d'explicar tots els quatres camps coneguts actualment.

47. **Què és, breument i simplement, la teoria de la relativitat d'Einstein?**

D'acord amb les lleis del moviment que van ser elaborades detalladament per Isaac Newton als anys 80, els diferents moviments s'addicionen entre ells d'acord amb les regles de l'aritmètica senzilla. Suposem que un tren avança a 20 quilòmetres per hora i un noi que hi va llança una pilota a 20 quilòmetres per hora en la direcció del moviment del tren. Per al noi, que es mou amb el tren, la pilota es mou a 20 quilòmetres per hora. Però, per a vostè se sumen els moviments del tren i de la pilota i aquesta es mou a la velocitat de 40 quilòmetres per hora.

Així, pot veure's que no es pot parlar de la velocitat de la pilota per ella mateixa. El que compta és la seva velocitat *en relació* a un observador particular. Qualsevol teoria del moviment que intentés explicar la manera com les velocitats (i fenòmens relacionats) semblen variar d'un observador a un altre seria una «teoria de la relativitat».

La teoria particular d'Einstein de la relativitat va sorgir del fet que el que funciona per a pilotes que es llancen des de trens no sembla que funcioni per a la llum.

La llum podria fer-se moure amb el moviment de la Terra, o contra ell. En el primer cas hauria de semblar que es mou més ràpidament que en el segon (de la mateixa manera que un avió es mou més de pressa, en relació amb el terra quan té el vent de cua que no quan es mou contra el vent). Tot i així, les mesures més acurades de la velocitat de la llum van demostrar que mai no variava, independentment del tipus de moviment que tingués la font emissora de llum.

Per això Einstein va dir: suposem que quan es mesura la velocitat de la llum en el buit, sempre té el mateix valor (uns 299.793 quilòmetres per segon) sota totes les circumstàncies. Com podem arreglar les lleis de l'univers per tal que puguin explicar tot això?

Einstein va trobar que, per tal d'explicar la constància de la velocitat de la llum, hom havia d'acceptar molts fenòmens inesperats.

Va trobar que els objectes es farien més petits en la direcció del seu moviment, es farien més i més petits a mesura que la seva velocitat augmentés fins que la seva longitud fos zero a la velocitat de la llum; aquests objectes mòbils haurien d'incrementar la seva massa més i més a mesura que la seva velocitat augmentés fins que la seva massa fos infinita a la velocitat de la llum; que el ritme al qual el temps creixia en un cos mòbil, decreixia més i més a mesura que augmentava la seva velocitat fins que es parava del tot a la velocitat de la llum; que la massa era equivalent a una certa quantitat d'energia i viceversa.

Ell va elaborar tot això el 1905, per a cossos que es movien a velocitat constant, com la «teoria especial de la relativitat». El 1915, va elaborar conseqüències encara més subtils per a objectes que es movien amb velocitat variable, incloent-hi una descripció nova del comportament dels efectes gravitatoris. Aquesta és la «teoria general de la relativitat».

Els canvis predits per Einstein només són perceptibles a grans velocitats. Aquestes grans velocitats han estat detectades entre partícules subatòmiques i els canvis predits per Einstein s'han provat experimentalment i s'ha trobat que hi eren, que estaven presents amb molta precisió. Realment, els nostres aparells acceleradors de partícules no funcionarien si la teoria d'Einstein de la relativitat fos incorrecta; les nostres bombes atòmiques no explotarien; certes observacions astronòmiques no podrien fer-se.

A les velocitats ordinàries, tanmateix, els canvis predits per Einstein són tan diminuts que poden ser ignorats. L'aritmètica senzilla de les lleis de Newton funciona sota aquestes circumstàncies, i com que sempre estem envoltats pel funcionament d'aquestes lleis, arriben a semblar «de sentit comú» per a nosaltres, mentre que la llei d'Einstein sembla «estranya».

48. Per què la matèria no pot moure's més ràpid que la velocitat de la llum? (Primera part)

L'energia afegida a un cos el pot afectar de diverses maneres. Si un martell dóna un cop a un clau a l'aire, el clau surt volant, guanya energia cinètica o, en altres paraules energia de moviment. Si un martell dóna un cop a un clau que està clavat en una fusta gruixuda, de manera que el clau no es pot moure, el clau també guanya energia —però en forma de calor.

Albert Einstein, a la seva teoria de la relativitat, va demostrar que la massa podia ser vista com una forma d'energia (i la invenció de la bomba atòmica evidentment va demostrar que tenia raó). Si s'afegeix energia a un cos, aquesta energia llavors pot aparèixer en forma de massa, o bé en altres formes.

Sota condicions ordinàries, el guany d'energia en forma de massa és tan diminut que ningú no el pot mesurar encara. No va ser fins al segle vint, quan es van veure partícules subatòmiques movent-se a velocitats de desenes de milers de quilòmetres per segon, que es van trobar exemples de masses que creixien prou per ser detectables. A un cos que es mou a uns 260.000 quilòmetres per segon respecte a nosaltres se li mesuraria una massa doble que si estigués en repòs respecte a nosaltres.

Si s'afegeix energia a un cos que es mou lliurement, aquesta energia pot integrar-s'hi en una d'aquestes dues maneres; 1) com a velocitat, de manera que augmenti la seva velocitat de moviment, i 2) com a massa, de manera que esdevingui «més pesant». La divisió entre aquestes dues formes de guany d'energia, tal com la mesurem nosaltres, depèn en principi de la velocitat del cos, una altra vegada mesurada per nosaltres.

Si el cos va a velocitats ordinàries, virtualment tota l'energia afegida s'integra al cos en forma de velocitat, i el cos es mou més i més de pressa sense gairebé cap canvi a la massa.

A mesura que augmenta la velocitat del cos (i com que imaginem que constantment se li està donant energia addicional), cada cop menys i menys energia es converteix en velocitat i més i més ho fa en massa. Notem que, tot i que el cos encara s'està movent més i més de pressa, el seu ritme de guany de velocitat decreix. En canvi, cada vegada té més massa a un ritme lleugerament més gran.

A mesura que la seva velocitat encara augmenta més i s'acosta als 299.793 quilòmetres per segon que és la velocitat de la llum en el buit, gairebé tota l'energia que s'afegeix ho fa com a massa. En altres paraules, la velocitat del moviment del cos incrementa molt lentament, però ara és la massa la que creix a passos de gegant. Quan s'agafa la velocitat de la llum, *tota* l'energia afegida apareix com a massa addicional.

El cos *no pot* anar més de pressa que la velocitat de la llum perquè per fer-ho se li hauria de comunicar energia i, a la velocitat de la llum, tota l'energia addicional, per més gran que sigui, serà convertida en massa addicional, i el cos no incrementarà la seva velocitat ni una iota.

Això no és «només teoria». Els científics han estat observant acuradament els augments de velocitat de les partícules subatòmiques durant anys. Els raigs còsmics tenen un contingut d'energia increïblement elevat, tot i que la seva massa creix molt, les seves velocitats mai no arriben a assolir la de la llum en el buit. La massa i la velocitat de les partícules subatòmiques són exactament les que prediu la teoria de la relativitat i la velocitat de la llum és la màxima velocitat en matèria de fets observats i no *és*només especulació.

49. Per què la matèria no pot moure's més ràpid que la velocitat de la llum? (Segona part)

Les explicacions precedents no van deixar els temes ben fixats, sinó que van fer sorgir dubtes i han arribat cartes amb més preguntes. Algú ha preguntat: «Per què la massa guanya energia i no velocitat?» o «Per què la llum es mou a 299.973 quilòmetres per segon i no a una altra velocitat?»

Actualment, l'única resposta possible a aquestes preguntes és «Per què l'univers és així?».

D'altres han preguntat, «De quina manera incrementa la massa?» aquesta és més fàcil. No ho fa incrementant el nombre d'àtoms. Aquest és el mateix. Cada àtom —en realitat cada partícula de l'àtom— incrementa la seva massa.

Algú ha preguntat si no podríem augmentar la nostra inventiva fent que la matèria es mogués tan ràpid que doblés la seva massa. Llavors en tindríem el doble.

De cap manera. L'increment en massa no és «real». És una qüestió de mesura. La velocitat només té sentit com una mesura relativa a alguna cosa —a la persona que fa la mesura, per exemple. Només compta la mesura. És impossible mesurar matèria que vagi més ràpida que la llum.

Però suposem que vostè s'apropia de la matèria que vostè ha mesurat que té una massa el doble de la normal, per fer-la servir amb algun propòsit. Si vostè viatgés amb ella, llavors la seva velocitat relativa respecte a vostè seria zero i la seva massa seria normal de sobte.

Si vostè passés com un llamp pel costat d'un amic a una

velocitat pròxima a la velocitat de la llum, vostè mesuraria la seva massa com a molt gran, i ell mesuraria igual de gran la de vostè. Cadascú de vostès creuria que la seva pròpia massa es normal.

Hom podria dir,«Però qui és el que ha augmentat de veres de la massa?». La resposta és «Depèn de qui estigui fent la mesura» no hi ha res «de veres»; tot depèn de qui ho mesuri i quina referència prengui el que és mesurat respecte alguna cosa per algú. D'aquí el nom, teoria de la «relativitat».

Vostè creu que està de cap per amunt i que els australians estan de cap per avall. Però els australians creuen que ells estan cap per amunt i que vostè està de cap per avall. Qui dels dos té la raó «de veres»? Cap dels dos. No hi ha res que sigui «de veres». Depèn d'on s'estigui de la Terra. Tot és relatiu.

Algú ha preguntat: «Si la massa creix amb la velocitat, llavors no seria zero si un objecte estigués parat completament?». Tot i així no hi ha res que estigui «completament parat». Només hi ha «repòs relatiu». Alguna cosa pot estar en repòs relatiu en relació a una altra. Quan un objecte està en repòs respecte la persona que fa la mesura, té una certa massa mínima anomenada «massa en repòs». La massa no pot ser menor que aquella. Un velocitat relativament alta no augmenta a penes la massa mesurada d'un objecte. També decreix la longitud mesurada d'un objecte en la direcció que s'està movent i s'alenteix la mesura del temps per a l'objecte.

I si hom pregunta per què, la resposta és «Perquè si això no passés, la velocitat de la llum no seria la màxima velocitat de la matèria».

50. **Les partícules que es propaguen més ràpides que la velocitat de la llum emeten llum. Com és possible això si no hi ha res que pugui moure's més ràpid que la llum?**

Sovint es diu que les partícules no poden moure's «més ràpid que la llum» i que la «velocitat de la llum» és l'últim límit de velocitat.

En realitat, si diem això no estem dient prou, ja que la llum es mou a velocitats diferents a través de medis diferents. La llum es mou més de pressa en el buit, a on va a una velocitat de 299.793 quilòmetres per segon. *Aquesta* és l'última velocitat.

Llavors, hauríem de dir que les partícules no poden moure's «més ràpid que la velocitat de la llum en el buit», si volem ser acurats.

Quan la llum travessa qualsevol altre medi transparent diferent del buit, sempre es propaga més lentament de com ho fa en el buit. En alguns casos molt més lentament. Com més a poc a poc es propaga per un medi particular, més gran és l'angle en què es doblega la llum (refracció) quan arriba a aquest medi procedent del buit amb um angle oblic. El grau de corbatura es defineix amb un terme quantitatiu anomenat l'«índex de refracció».

Si la velocitat de la llum en el buit es divideix per l'índex de refracció en un medi particular, trobem la velocitat de la llum en aquell medi. L'índex de refracció de l'aire a pressions i temperatures ordinàries és aproximadament 1,0003 de manera que la velocitat de la llum en l'aire és 299.793 dividit per 1,0003, o bé 299.703 quilòmetres per segon. Aquesta és 90 quilòmetres per segon menor que la velocitat de la llum en el buit.

L'índex de refracció de l'aigua és 1,33, el del tipus corrent de vidre és 1,7 i el del diamant 2,42. Això significa que la llum es propaga a la velocitat de 225.408 quilòmetres per segon a l'aigua, 176.349 quilòmetres per segon en el vidre i només a 77.000 milles per segon en el diamant.

Les partícules no poden moure's més ràpides de 299.793 quilòmetres per segon, però poden moure's segurament a, diem, 257.500 quilòmetres per segon, fins i tota l'aigua. Quan ho fan s'estan propagant a l'aigua més de pressa que la velocitat de la llum a l'aigua. De fet, per a les partícules és possible propagar-se més ràpides que la llum en qualsevol medi menys en el buit.

Les partícules que es mouen més ràpid que la llum en algun medi que no sigui el buit emeten una llum blava que deixa un rastre al seu darrera. L'angle al qual deixa el rastre depèn de com més ràpid que la velocitat de la llum es mogui la partícula en aquell medi.

El primer que va observar aquesta llum blava emesa per partícules que es mouen més ràpides que la llum era un físic rus que es deia Pavel A. Cerenkov, que va explicar-ho el 1934. Per això la llum s'anomena «radiació de Cerenkov». El 1937, dos altres físics russos, Ilya M. Frank i Igor Y. Tamm, van explicar l'existència d'aquesta llum en relació a les velocitats relatives de la llum i de la partícula en el medi. Com a resultat, el 1958 tots tres homes van ser guardonats amb el Premi Nobel de Física.

S'han dissenyat instruments especials, «comptadors de Cerenkov» per detectar aquesta radiació i mesurar la seva intensitat i la direcció en la qual és emesa.

Els comptadors de Cerenkov són particularment útils perquè només són activats per partícules molt ràpides i perquè la velocitat d'aquestes partícules és estimada fàcilment a partir de l'angle al qual s'emet la llum. Els raigs còsmics molt energètics es mouen a una velocitat tan pròxima a la de la llum en el buit que produeixen radiació de Cerenkov fins i tot a l'aire.

Els taquions, que són partícules hipotètiques que només poden moure's més de pressa que la velocitat de la llum en el buit, deixarien un rastre lleuger de radiació de Cerenkov fins i tot en el buit. A partir de la detecció d'aquesta radiació de Cerenkov els físics esperen provar l'existència actual dels taquions (*si és* que existeixen).

51. Si no hi ha res més ràpid que la llum, què són els taquions, que hom suposa que es mouen més ràpids que la llum?

La teoria especial de la relativitat d'Einstein requereix que qualsevol objecte que existeixi en el nostre univers no es pot fer anar a una velocitat mesurada més gran que la de la llum en el buit. Hom necessitaria una quantitat d'energia infinita només per fer-lo anar a la velocitat de la llum i la quantitat d'energia «més que infinita» per empènyer-lo més enllà d'aquest punt és inimaginable.

Però suposem que un objecte s'estigués movent més ràpid que la llum.

La llum es propaga a 299.793 quilòmetres per segon, però què passaria si un cert objecte d'un quilogram de massa i un centímetre de longitud es mogués a 423.971 quilòmetres per segon. Si apliquem les equacions d'Einstein, resulta que l'objecte tindria una massa de - $\sqrt{-1}$ quilograms i una longitud de + $\sqrt{-1}$ centímetres. En altres paraules, qualsevol objecte que es mogués més ràpid que la llum hauria de tenir una massa i una longitud expressats en el que els matemàtics anomenen «nombres imaginaris» (vegeu la pregunta 6). No tenim manera de visualitzar les masses o les longituds que estan expressades en nombres imaginaris, de manera que és fàcil donar per fet que aquestes coses, que són inimaginables, no existeixen.

Tot i així, el 1967, Gerald Feinberg de la Universitat de Columbia es va preguntar si era raonable fer-ho. (Feinberg no era el primer a suggerir la partícula; que procedeix de O.M. Bilaniuk i E.C.G. Sudarshan. Però Feinberg va popularitzar la idea). Potser una massa i longitud «imaginàries» és una mica una manera de descriure un objecte per (diguem-ho així) gravetat negativa —un objecte que repel·leix la matèria del nostre univers en comptes de ser atret gravitatòriament.

Feinberg, a aquestes partícules més ràpides que la llum, amb massa i longitud imaginàries els va donar el nom de taquions, provinent de la paraula grega que significa «ràpid». Si admetem l'existència d'aquests taquions, podem seguir els requeriments de les equacions d'Einstein d'una altra manera?

Aparentment podem fer-ho. Podem dibuixar un univers sencer de taquions que van més de pressa que la velocitat de la llum tot i seguint els requeriments de la relativitat. No obstant, la situació referent a velocitat i energia és l'oposada a allò a què estem acostumats.

En el nostre «univers lent», un cos sense moviment té energia zero, però a mesura que guanya energia es mou més i més de pressa, i quan l'energia es torna infinita accelera fins a la velocitat de la llum. A l'«univers ràpid», un taquió amb energia zero es mou a velocitat infinita; i com més energia guanya més a poc a poc es mou; quan l'energia es torna infinita la velocitat es *redueix* a la de la llum.

En el nostre univers lent, siguin quines siguin les circumstàncies un cos no pot anar més ràpid que la llum. A l'univers ràpid, siguin quines siguin les circumstàncies, un taquió no pot anar més lent que la velocitat de la llum. La velocitat de la llum és el límit entre els dos universos i no pot ser travessat.

Però existeixen realment els taquions? Podem decidir que és possible tenir un univers que no violi la teoria d'Einstein; però que sigui possible no vol dir necessàriament que existeixi.

Una manera possible de detectar l'univers ràpid és considerar que si un taquió es mou en el buit a velocitats majors que la de la llum, en passar ha de deixar una traça de llum potencialment detectable. És clar que molts taquions anirien tan extremadament de pressa —milions de vegades la velocitat de la llum (així com molts objectes corrents es mouen bastant lentament, amb una velocitat de només una milionèsima de la de la llum).

Els taquions ordinaris i les seves ràfegues de llum podrien haver-nos avançat abans que poguéssim detectar-los. Només els molt ocasionals taquions d'alta energia ens passarien a velocitats gairebé tan lentes com la de la llum. Fins i tot llavors, recorrerien un quilòmetre en aproximadament 1/300.000 segons, i detectar-los seria una operació molt delicada.

52. **Els taquions amb energia zero es mouen a velocitat infinita. És realment possible la velocitat infinita?**

La idea d'una partícula que es mou a velocitat infinita té les seves paradoxes. Aniria de A a B en un temps zero, cosa que significa que estaria tant a A com a B al mateix temps, així com a tots els llocs d'entremig. Continuaria anant als punts C, D, E, etcètera, a distància infinita, arribant a tots ells en un temps nul. Una partícula que es mou amb velocitat infinita hauria doncs de tenir les propietats d'una barra sòlida de longitud infinita.

Si l'espai es corbés, tal com suggereix la teoria de la relativitat d'Einstein, la barra sòlida seria realment un gran cercle o una espiral, o una corba sinuosa de forma encara més complicada.

Però suposem que hi hagués un univers de taquions, partícules que tenen totes velocitat major que la de la llum. A mesura que aquestes partícules guanyessin més i més energia, anirien més i més a poc a poc, fins que a energies infinites s'alentirien fins a la velocitat de la llum. A mesura que perden més i més energia, van més i més ràpides, fins que amb energia zero van a velocitat infinita.

En un univers com aquest podem imaginar que hi

hauria partícules dins d'un ampli ventall d'energies; algunes de molt energètiques, algunes molt poc energètiques, i algunes entremig (tal com passa amb les partícules del nostre univers).

El traspàs d'energia d'una partícula a una altra en un univers així (com en el nostre) hauria de tenir lloc mitjançant alguna interacció; com, per exemple, una col·lisió. Si una partícula A de baixa energia col·lisionés amb una partícula B d'alta energia, hi ha moltes possibilitats que A guanyés energia a expenses de B, de manera que hi hauria una tendència general cap a la formació de partícules d'energia intermèdia.

És clar que hi hauria excepcions. Si dues partícules d'energia igual interaccionen, una pot guanyar energia a expenses de l'altra, ampliant en rang. Fins i tot és possible (però poc probable) que una partícula d'alta energia pugui guanyar encara més energia en col·lisionar amb una partícula de baixa energia, deixant la partícula de baixa energia amb menys energia que abans.

Considerar la naturalesa fortuïta d'aquestes col·lisions i la de la transferència d'energia porta a la conclusió que hi haurà un rang d'energies, en el qual la majoria de les partícules tindran energia intermèdia; algunes seran d'alta (o baixa) energia, molt poques seran de molt alta (o molt baixa) energia, una quantitat molt petita seran de molt, molt alta (o molt, molt baixa) energia; i només unes traces seran de molt, molt, molt alta (o molt, molt, molt baixa) energia.

Aquesta distribució d'energies en un rang pot ser expressat matemàticament i en fer-ho hom veuria que en realitat no hi hauria cap partícula que tingués energia infinita o zero; s'acostarien molt a aquests valors, però mai no els assolirien. A vegades els taquions es mourien a molt poc més que la velocitat de la llum, però mai exactament a la velocitat de la llum; i els taquions podrien anar a velocitats veritablement enormes, a un milió (o mil milions, o un bilió) de vegades la velocitat de la llum, però mai a velocitats veritablement infinites.

Suposem que dos taquions que tenen exactament les mateixes energies xoquen de manera exactament frontal. No poden anul·lar-se del tot les energies cinètiques d'ambdós i ells marxar del lloc de la col·lisió amb velocitat veritablement infinites? Un altre cop aquesta és una idea a la qual hom pot aproximar-se, però que no pot assolir-se. La possibilitat que tots dos taquions tinguin *exactament* igual energia i que xoquin *exactament* de manera frontal és negligible.

En altres paraules, hom podria acostar-se a la velocitat veritablement infinita, però aquesta no seria assolida en un univers de taquions —i no ens hem de preocupar, en aquest cas, sobre les paradoxes que l'infinit sempre sembla plantejar.

53. **Què és el principi d'indeterminació de Heisenberg?**

Per explicar el tema de la indeterminació o incertesa, comencem preguntant què és la certesa? Quan vostè sap alguna cosa segura, exactament, sobre un objecte, vostè n'està cert, d'aquelles dades, siguin quines siguin.

I com ho ha fet per saber-les? D'una manera o altra, vostè ha d'interactuar amb l'objecte. L'ha de pesar per saber-ne el pes, l'ha de picar per veure si és molt dur, i potser només l'ha de mirar per veure on és. El cas és que hi ha d'haver interacció, encara que sigui fluixa.

Pot argumentar-se que aquesta interacció sempre introdueix algun canvi en les mateixes propietats que hom intenta determinar. En altres paraules, aprendre alguna cosa canvia aquesta cosa a causa del fet d'aprendre, de manera que hom no ho aprèn exactament, després de tot.

Per exemple, suposi que vol mesurar la temperatura

d'un bany d'aigua calenta. Vostè posa el termòmetre i mesura la temperatura de l'aigua. Però el termòmetre és fred i la seva presència en l'aigua fa que aquesta es refredi lleugerament. Tot i així vostè pot obtenir una bona aproximació de la temperatura, però no *exactament* fins a la trilionèsima de grau. El termòmetre ha modificat d'una manera gairebé imperceptible la temperatura que mesurava.

Un altre cop, suposi que vostè vol mesurar la pressió de l'aire d'un pneumàtic. Vostè fa servir un èmbol petit que és empès per un minúscul escapament d'aire. Però si s'escapa aire vol dir que la pressió de l'aire serà menor en una quantitat minúscula en el moment de mesurar-la.

És possible inventar aparells de mesura tan diminuts i sensibles i indirectes per no introduir cap canvi en la propietat que és mesurada?

Un físic alemany, Werner Heisenberg, va decidir el 1927 que no ho era. Un aparell de mesura només pot ser molt diminut. Pot ser tan petit com una partícula subatòmica, però no menor. S'hauria de fer funcionar amb una energia tan petita com un quantum, però no amb menys. Una única partícula i un únic quantum d'energia són suficients per introduir certs canvis. Si vostè mira alguna cosa per tal de veure-la, ho fa gràcies als fotons de llum que reboten a l'objecte, i això introdueix un canvi.

Aquests canvis són extremadament diminuts i podem ignorar-los a la vida de cada dia —tot i que els canvis hi són. Però imaginem què passa si hom tracta amb objectes extremadament minúsculs per als quals fins i tot els canvis extremadament minúsculs són molt importants.

Si vostè volgués dir la posició d'un electró, per exemple, hauria de fer-hi botar un quantum de llum, o més probablement un fotó gamma, per tal de «veure'l». I aquest fotó que hi rebotés, faria saltar l'electró lluny.

Heisenberg va aconseguir demostrar, en particular, que és impossible idear cap mètode per determinar *exac-*

tament la posició i el moment d'un objecte simultàniament. Com més precisa sigui la determinació de la posició, menys ho serà la del moment, i viceversa. Va calcular com havien de ser de grans les incerteses d'aquestes propietats, i aquest és el seu «principi d'indeterminació».

Aquest principi implica una certa «granulació» de l'univers. Si vostè intentés ampliar una imatge d'un diari, a la llarga arribaria al punt a on veuria els granets o puntets i perdria tot detall. El mateix passaria si mirés l'univers de prop.

Algunes persones no estan d'acord amb tot això i ho veuen com una confessió d'eterna ignorància. Res d'això. Estem interessats a conèixer com funciona l'univers, i el principi d'indeterminació és un factor clau en aquesta empresa. La «granulació» hi és, això és tot. Heisenberg ens l'ha ensenyat, i els físics li estan agraïts.

54. **Què és la paritat?**

Suposem que donem a cada partícula subatòmica una d'aquestes dues marques, A o B. Suposem, a més a més, que sempre que una partícula A es desintegra per a formar dues partícules, aquestes dues partícules són o totes dues A o totes dues B. Llavors podríem escriure A=A+A o bé A=B+B. Si una partícula B es desintegra per formar dues partícules, llavors una d'aquestes partícules serà sempre A i l'altra B, de manera que podríem escriure B=A+B.

Hom pot descobrir altres situacions també. Si dues partícules col·lisionessin i es desintegressin per formar tres partícules hom trobaria que A+A=A+B+B, o que A+B=B+B+B.

Tot i així hi ha algunes situacions que no s'observarien. Hom no trobaria, per exemple, que A+B=A+A, o que A+B+A=B+A+B.

Què significa tot això? Bé, suposem que hom pensa que A és qualsevol nombre enter parell com 2, 4 o 6, i B és qualsevol nombre enter senar com 3, 5 o 7.

Dos nombres enters parells sempre que se sumen també donen un nombre enter parell (6=2+4) és a dir A=A+A. Dos nombres enters senars també sempre sumen un nombre enter parell (8=3+5) és a dir A=B+B. La suma d'un nombre enter parell i un nombre enter senar, sempre és un nombre enter senar (7=3+4) és a dir B=A+B.

En altres paraules, certes partícules subatòmiques podrien anomenar-se «senars» i certes altres podrien anomenar-se «parells», ja que només es formen aquest tipus de combinacions i trencaments que es compleixen en el cas de sumar nombres enters parells i senars.

Quan dos nombres enters són ambdós parells o ambdós senars, els matemàtics diuen que tenen la «mateixa paritat»; si un és parell i l'altre senar tenen «diferent paritat». D'aquesta manera quan les partícules subatòmiques actuen com si algunes fossin senars i algunes parells i quan les regles de sumar parells i senars no es trenquen mai, es considera que hi ha «conservació de la paritat».

El 1927, el físic Eugene Wigner va demostrar que hi havia conservació de la paritat entre les partícules subatòmiques, perquè aquestes partícules posseien «simetria dreta-esquerra». Els objectes que tenen aquest tipus de simetria són idèntics a la seva imatge especular. Els nombres 8 i 0 i les lletres H i X tenen aquest tipus de simetria. Si hom gira el 8, el 0, la H, o la X de manera que la dreta estigui a l'esquerra i viceversa, continuem tenint 8, 0, H i X. Les lletres b i p no tenen aquesta simetria dreta-esquerrra. Si hom les gira, la b es fa d i la p es fa q, totes elles lletres diferents.

El 1956, dos físics, Tsung Dao Lee i Chen Ning Yang, van demostrar que la paritat no s'havia de conservar en certs tipus d'esdeveniments subatòmics, i els experiments els van donar la raó aviat. Això volia dir que certes partícules subatòmiques actuaven com si no fossin simètriques sota certes condicions.

Per aquesta raó, es va elaborar una llei de la conservació més general. Quan una partícula concreta no era simètrica, llavors la seva antipartícula (amb un camp elèctric o magnètic oposat) tampoc no era simètrica, però de manera oposada. Així, si una partícula s'assemblava a la p, la seva antipartícula s'assemblaria a la q.

Si la càrrega elèctrica (C) i la paritat (P) s'agafen juntes, llavors es podria establir una regla senzilla que descrivís quins esdeveniments subatòmics poden tenir lloc i quins no. Això és el que s'anomena la «conservació-CP».

Més tard, hom va decidir que per tal de fer la regla realment infal·lible, hom havia de considerar també la direcció del temps (T); ja que un esdeveniment subatòmic pot ser vist com si passés endavant o enrera en el temps. Això és el que s'anomena la «conservació-CPT».

Recentment, fins i tot la conservació-CPT va ser posada en dubte, però encara no s'ha arribat a cap decisió final.[1]

55. Per què parlem de la semivida d'un isòtop, per què no de la seva vida sencera?

Alguns àtoms són inestables. Un àtom així, deixat lliurement, tard o d'hora experimentarà un canvi espontàniament. Una partícula energètica o un fotó gamma sortirà del seu nucli i esdevindrà un tipus diferent d'àtom.

Una quantitat d'àtoms inestables en un lloc, radiaran partícules o raigs gamma en totes direccions, de manera que aquests àtoms es diu que són radiactius.

1. J. W. Cronin i V. L. Fitch dels Estats Units, van guanyar el Premi Nobel de física el 1980, per demostrar que la paritat de càrrega i la simetria del temps podien ser violades. N. de la T.

No hi ha manera de dir quan un àtom radiactiu concret experimentarà un canvi. Pot fer-ho d'aquí a un segon. Pot no fer-ho en un any. Pot no fer-ho en un bilió d'anys. O sigui que no pot mesurar-se la «vida sencera» d'un àtom radiactiu, el temps que romandrà incanviat. Aquesta «vida sencera» pot tenir qualsevol valor, per tant no serveix de res parlar-ne.

Suposem, però, que hom té molts àtoms d'un isòtop radiactiu particular en un lloc. En qualsevol moment, alguns d'ells experimentaran un canvi. Es trobarà que tot i que sota cap circumstància no pot dir-se quan un àtom concret experimentarà un canvi, pot predir-se quants àtoms de, diguem, un bilió, canviaran després de tants segons.

És una qüestió d'estadística. No hi ha manera de dir si una persona concreta es morirà d'un accident de cotxe, però *és* possible predir amb una precisió elevada que un cert nombre de persones es moriran d'accidents de cotxe un any concret.

Donat un gran nombre d'àtoms d'un isòtop particular, es pot mesurar la quantitat de radiació a un temps donat i ser capaç de predir quanta radiació (o quants àtoms canviaran) en qualsevol temps futur. Resulta que, donada la manera com els àtoms tenen lloc, sempre es tarda el mateix temps perquè 1/10 del total dels àtoms canviïn, independentment de quants n'hi hagués al principi. De fet, sempre es tarda el mateix temps determinat perquè en canviïn 2/10, o 4/17, o 19/573, o *qualsevol* fracció concreta, independentment de quants àtoms hi hagués al principi.

Per tant, en comptes de parlar de la «vida sencera» dels àtoms d'un isòtop particular —que no té cap valor— hom parla de quant temps tarda alguna fracció d'ells a canviar, ja que aquest temps és fàcilment mesurable. Però exactament *quina* fracció? La fracció més simple de totes és 1/2, per tant és senzill parlar del temps que tarden la meitat dels àtoms d'un isòtop particular a experimentar un canvi, i aquesta és la «semivida» d'aquest isòtop.

Com més estable és un isòtop en particular, menys probable és que els seus àtoms experimentin un canvi i menys probable és que un nombre concret d'ells experimentin un canvi en una hora, per exemple, després de començar les observacions. Això vol dir que tardarà més temps a canviar la meitat dels àtoms.

Dit d'una altra manera, com més llarga és la semivida d'un isòtop particular, més estable és; com més curta és la semivida, menys estable és.

Realment algunes semivides poden ser molt llargues. L'isòtop tori-232 té una semivida de catorze mil milions d'anys. Aquest és el temps que tardaria la meitat de qualsevol quantitat de tori-232 a desintegrar-se. Aquesta és l'explicació de perquè hi ha encara molt tori-232 a l'escorça terrestre, tot i que hi ha estat (desintegrant-se regularment) gairebé cinc mil milions d'anys.

Algunes semivides poden ser realment molt curtes. La semivida d'un isòtop d'heli-5 és aproximadament d'una bilionèsima part d'una trilionèsima de segon.

56. **Per què els científics troben tantes partícules subatòmiques noves i quina és la seva importància?**

La clau de la resposta a aquesta pregunta rau en dues paraules: «Més energia»

Els físics estudien l'estructura interna del nucli atòmic d'una manera molt rudimentària. El copegen tant com poden amb partícules subatòmiques, trenquen el nucli en fragments i llavors estudien els trossos.

Durant els últims trenta anys, el que ha canviat ha estat l'energia amb la qual les minúscules «bales» subatòmiques són enviades per col·lisionar amb el nucli atòmic. Als anys 30 aquests projectils tenien energies de l'ordre de milions d'electrovolts; als quaranta, de centenars de milions; als cinquanta de milers de milions; i als seixanta de dotzenes de milers de milions. Sembla probable que als anys 70 existeixin projectils de l'ordre de cent mil milions d'electrovolts.[1]

Com més energèticament és col·lisionat el nucli, més gran és el nombre de partícules que n'emergeixen i aquestes són més inestables. Hom pot suposar que a mesura que les col·lisions són més fortes, les partícules emergents seran més petites. (Després de tot, una col·lisió forta partirà una roca en dos trossos grossos, però una col·lisió encara més forta partirà la mateixa roca en una dotzena de trossos més petits). Això no és així en el cas dels nuclis. Les partícules que emergeixen tendeixen a ser bastant més pesades.

L'energia, ja ho veiem, es pot convertir en massa. Les partícules subatòmiques que apareixen en el procés de col·lisionar l'àtom no surten del nucli com si totes hi fossin des del principi. Es formen en el moment de la col·lisió a partir de l'energia de les partícules projectil.

Com més gran és l'energia de la partícula bombardejant, més massa té la partícula que es pot formar, i normalment és més inestable.

D'alguna manera, les partícules subatòmiques es desprenen dels nuclis col·lisionats de la mateixa manera que les guspires es desprenen quan l'acer és copejat amb una pedra foguera. Les guspires no estaven a l'acer al principi, es formen a partir de l'energia de col·lisió.

Però en aquest cas, tenen alguna significació totes aquestes partícules subatòmiques noves? No és possible que siguin només el producte de l'energia a l'atzar, tal com ho són les guspires?

1. A l'any 1972, l'accelerador de partícules de Fermilab va assolir els 400.000 milions d'electrovolts(400 GeV), i el 1984 va assolir els 800.000 milions d'electrovolts (800 GeV). N. de la T.

Els físics no ho creuen, perquè hi ha molt més ordre entre elles. Les partícules que es formen tenen certes propietats que obeeixen a certes regles més aviat intrincades. És a dir, les diverses partícules poden ser representades amb nombres que s'identifiquen amb els noms de «spin isotòpic», «estranyesa», «paritat» etcètera, i la naturalesa dels nombres és dictada a partir de certes limitacions rígides.

Hi ha d'haver alguna cosa darrera d'aquestes limitacions.

El físic americà Murray Gell-Mann ha elaborat un sistema d'ordenar les diverses partícules subatòmiques d'acord amb aquests nombres diversos en una progressió regular, i en fer-ho ha estat capaç de predir l'existència d'una partícula omega negativa amb certes propietats poc probables —però quan la van buscar la van trobar, i exactament amb aquelles propietats.

Gell-Mann també suggereix que els centenars de partícules coneguts actualment podrien ser ordenats de la manera que ell ha ensenyat si totes estiguessin constituïdes per uns tipus de partícules encara més simples a les quals ell anomena «quarks». Actualment els físics van a la captura de quarks. Si són trobats, ens oferiran una visió completament nova de la naturalesa de la matèria i, possiblement, una de molt més útil.

57. **Què és un quark?**

La noció de quark es va originar pel fet que a l'últim quart de segle s'han descobert més de cent tipus diferents de partícules subatòmiques. S'ha de dir que molt poques duren més d'una milmilionèsima de segon abans de desintegrar-se, però el sol fet de la seva existència desconcerta els físics.

Per què n'hi ha tantes, i cadascuna diferent de la resta?

Pot ser que les diferents partícules puguin ser agrupades en diverses grans famílies? Entre cada família, nombroses partícules poden diferir entre elles d'una manera molt regular. En aquest cas, només seria necessari justificar l'existència de poques famílies de partícules, més que no de cada partícula per separat. S'hauria establert un cert ordre al que semblava una «jungla» subatòmica.

El 1961, el físic americà Murray Gell-Mann i el físic israelita Yuval Ne'emen van elaborar independentment un sistema per tal d'organitzar les partícules en aquest tipus de famílies. Gell-Mann fins i tot va presentar una família que incloïa el que ell va anomenar una partícula omega negativa amb propietats molt poc rares i poc usuals, però que mai no havia trobat ningú. En conèixer les propietats que se suposava que tenia, els físics sabien exactament què buscar. I el 1964 van trobar-ho, i van descobrir que era exactament tal com Gell-Mann ho havia descrit.

Gell-Mann, estudiant-ne les famílies, es preguntava si potser totes les partícules subatòmiques diferents podrien estar constituïdes amb combinacions de poques partícules encara més senzilles. Si això fos cert simplificaria del tot la visió de l'univers. Segons ell, postulant tres partícules subatòmiques amb propietats determinades, se les podia combinar de maneres diferents i obtenir totes les partícules subatòmiques conegudes.

Com que es necessitava una combinació de tres partícules hipotètiques per fer partícules conegudes, Gell-Man va pensar en un passatge de *Finnegans Wake* de James Joyce (un llibre en el qual l'autor capgirava i distorsionava paraules amb finalitats literàries), que deia «Tres quarks per Musther Mark».

Gell-Mann, va anomenar «quarks» les hipotètiques partícules per aquesta raó.

El fet que sorprèn dels quarks és que haurien de tenir càrregues elèctriques fraccionàries. Totes les càrregues conegudes o són iguals a la de l'electró (-1) o a la del protó (+1) o són múltiples enters d'aquestes càrregues.

La càrrega del quark p, tanmateix, era de només +2/3 i la del quark n i del quark lambda de -1/3 cadascuna. Un protó, per exemple, estaria constituït per un quark n i dos quarks p, un neutró per dos quarks n i un quark p, etcètera.

Però existeix realment el quark? O és només ficció matemàtica?

Per veure el que vull dir, considerem un bitllet de dòlar. Un bitllet de dòlar pot considerar-se igual a deu monedes de deu centens, però això és només una equació matemàtica, o és possible estripar un bitllet d'un dòlar en deu fragments i trobar que cadascun és una moneda sòlida de deu centens?

Des que Gell-Mann va proposar al principi l'existència de quarks, els físics han intentat localitzar-ne algun senyal, però sense èxit fins al 1977 (N. de la T.). El 1969, uns informes provinents d'Austràlia indicaven que hi havia rastres de partícules amb càrrega elèctrica fraccionària localitzades entre la pluja de partícules produïda pels xocs de raigs còsmics. La seva evidència, no obstant això, era molt marginal i la majoria dels físics romanien escèptics amb la notícia.

58. S'ha dit que els protons estan constituïts per combinacions de tres quarks, i també que un quark té una massa que és trenta vegades la del protó. Com poden ser certes ambdues afirmacions?

Ambdues afirmacions poden ser certes. Com a mínim les dues afirmacions no es contradiuen necessàriament. La clau per la resolució de l'aparent contradicció és el fet que la massa és un aspecte de l'energia.

Pot considerar-se que cada objecte té energia cinètica

relativa a algun marc de referència apropiat. L'energia cinètica és igual a la meitat del producte de la massa de l'objecte pel quadrat de la seva velocitat. A mesura que augmenta l'energia, augmenten tant la massa com la velocitat (la velocitat, principalment a baixes energies, i la massa, principalment a energies molt elevades).

Considerem després que com més petits són els objectes i com més íntimament units estan, més fortes (en general) són les forces que els mantenen junts. Els cossos de mida realment grossa, com el Sol i la Terra, estan units per un camp gravitatori que és la més feble, amb diferència, de totes les forces conegudes.

Els àtoms i les molècules estan units pel camp electromagnètic que és molt més fort. Mitjançant aquest camp, normalment les molècules es mantenen sòlidament juntes, els àtoms d'una molècula es mantenen encara més sòlidament, i encara més els electrons i nuclis a l'interior dels àtoms.

Les partícules de l'interior d'un nucli atòmic estan unides per un camp nuclear, que és unes cent vegades més fort que el camp electromagnètic i que, de fet, és la força més forta coneguda. (Aquesta és una de les raons per les quals les explosions nuclears són molt més violentes que les explosions químiques ordinàries).

Si els protons (i els neutrons) que es troben en els nuclis estan constituïts per partícules encara més fonamentals, els quarks, llavors els enllaços que mantenen els quarks junts són molt probablement, considerablement més forts que els que mantenen units els protons i els neutrons. Podria estar-hi involucrat un camp nou, molt més fort que qualsevol dels coneguts actualment.

Per tal de partir cada protó o neutró en els quarks que els constitueixen, s'ha d'abocar molta energia en el protó o en el neutró —energia molt més gran que les que es requereixen per arrancar-lo, amb èxit, del conglomerat de protons i neutrons que constitueixen el nucli atòmic.

Quan el protó o el neutró es trenca, els quarks que apareixen agafen l'energia que s'hi ha abocat. Part d'aquesta energia es fa aparent en forma de gran velocitat, part en forma de gran massa. En altres paraules, gràcies a l'abocament de grans quantitats d'energies, el quark que és a l'interior del protó, té una massa, un cop que s'ha aïllat, que és moltes vegades la del protó.

Un cop aïllats, els quarks tindrien una tendència enorme a reajuntar-se a causa de la intensitat sense precedents del camp a través del qual experimenten una atracció mútua. El reajuntament alliberaria energies enormes, i la pèrdua d'aquesta energia es traduiria en una pèrdua de massa. Llavors els quarks s'encongirien en una massa suficient perquè una combinació de tres d'ells no tingués més massa que un sol protó.

Avui en dia, els físics no tenen a la seva disposició els tipus d'energies requerits per trencar partícules subatòmiques en quarks, per tant no poden probar fàcilment si la hipòtesi del quark té valor real o no. Alguns raigs còsmics, tot i així, tenen aquestes energies, i les pluges de partícules que produeixen en col·lisionar amb els àtoms són mirades molt minuciosament per tal de trobar-hi quarks.

59. A la bomba atòmica, es converteix matèria en energia. És possible fer-ho a l'inrevés i convertir energia en matèria?

Certament és possible convertir energia en matèria, però és poc pràctic fer-ho amb grans quantitats. Anem a veure per què.

D'acord amb la teoria especial de la relativitat d'Einstein, e = mc2, a on e representa l'energia, mesurada en ergs, m representa la massa en grams, i c és la velocitat de la llum en centímetres per segon.

La llum es propaga en el buit amb una velocitat que és de gairebé 30.000 milions ($3x10^{10}$) centímetres per segon. La quantitat c^2 representa el producte de c x c; és a dir $3 \times 10^{10} \times 3 \times 10^{10}$, o 9×10^{20}. Això vol dir que c^2 és igual a 900.000.000.000.000.000.000.

D'aquesta manera una massa d'un gram (m = 1) pot ser convertida, en teoria, en 9×10^{20} ergs d'energia.

L'erg és una unitat molt petita d'energia. La quilocaloria, més familiar, equival a uns 42.000 milions d'ergs. Un gram de matèria convertida en energia produiria $2,2 \times 10^{10}$ (o 22.000 milions) de quilocalories. Vostè pot sobreviure molt còmodament amb 2.500 calories cada dia, obtingudes dels aliments. Si vostè disposés de l'energia que representa un sol gram de matèria, tindria unes reserves que li durarien 24.110 anys, que és molt per als estàndards de qualsevol persona.

Per dir-ho d'una altra manera, l'energia que representa un sol gram de matèria és pogués convertir completament en energia elèctrica, mantindria una bombeta de cent vats encesa contínuament durant 28.200 anys.

Per a dir-ho encara d'una altra manera, l'energia que representa un sol gram de matèria és equivalent a l'obtinguda en cremar trenta-dos milions de litres de gasolina.

Així doncs no és gens estrany que, a les bombes nuclears, a on es converteixen en energia grans quantitats de matèria, es generi tanta destrucció en l'explosió d'una bomba.

La transformació funciona en ambdues direccions. Si la matèria es pot convertir en energia, llavors l'energia es pot convertir en matèria. Això es pot fer a qualsevol moment al laboratori. Una partícula d'energia molt energètica —un fotó gamma— pot convertir-se en un electró i un positró sense problemes. D'aquesta manera s'inverteix el procés i així l'energia es converteix en matèria.

Tot i així la matèria formada consisteix en dues partícules molt lleugeres, gairebé sense massa. Pot utilitzar-se el mateix principi per formar més matèria —fins i tot prou matèria per ser vista?

Ah, però no podem guanyar l'aritmètica. Si un gram de matèria pot convertir-se en tanta energia com la produïda en cremar 32 milions de litres de gasolina, llavors es necessitarà tota l'energia produïda en cremar 32 milions de litres de gasolina per fabricar només un gram de matèria.

Encara que algú volgués fer la demostració i s'ocupés de les despeses inherents en l'obtenció de tota aquesta energia (i potser de diverses vegades més, per tal d'afrontar pèrdues inevitables) per formar un gram de matèria, encara no ho podria fer. Tota aquesta energia no podria ser produïda prou de pressa ni concentrada en un volum prou petit per produir de cop un gram de matèria.

Així doncs, la conversió és possible en teoria, però és totalment inviable a la pràctica. Efectivament, la matèria de l'univers va formar-se una vegada a partir d'energia presumiblement, però naturalment no sota cap conjunt de condicions que poguem duplicar avui en dia en el laboratori.

60. **Produeixen antienergia les antipartícules?**

Als inicis del segle vint, els físics van començar a entendre que tota la matèria consistia en certs tipus diferents de partícules. El 1930, un físic anglès, Paul Dirac, en treballar sobre la teoria matemàtica d'aquestes partícules, va decidir que cada tipus de partícula havia de tenir la seva oposada.

Per exemple, l'electró té una càrrega elèctrica negativa i el protó té una càrrega elèctrica positiva exactament de la mateixa mida, però les dues partícules no són oposades. Pel que sembla, el protó té una massa molt més gran que l'electró.

Segons Dirac, hi hauria d'haver una partícula amb la

mateixa massa que l'electró però amb càrrega elèctrica positiva; i una amb la mateixa massa que el protó, però amb càrrega elèctrica negativa. Aquestes partícules finalment es van detectar, de manera que avui coneixem un «antielectró» (o «positró») i un «antiprotó».

El neutró no té càrrega elèctrica, però té un camp magnètic dirigit cap a una direcció determinada. Hi ha un «antineutró» que tampoc no té càrrega elèctrica però que té un camp magnètic que apunta en direcció oposada.

Sembla que sigui una llei de la natura que una partícula pot transformar-se en una altra partícula, però que sempre que una partícula es forma sense l'existència prèvia d'una altra s'ha de formar una antipartícula amb ella.

Aquí en tenim un exemple. Un neutró es pot transformar en un protó, i en fer-ho sembla admissible ja que una partícula s'ha convertit en una altra. No obstant això, en la conversió també es forma un electró. Això vol dir que una partícula s'ha transformat en dues. Per equilibrar aquesta segona partícula es forma també una partícula diminuta anomenada «antineutrí».

Una partícula (el neutró) s'ha transformat en una altra partícula (el protó) més un parell partícula/antipartícula (l'electró i antineutrí).

Els parells partícula antipartícula poden formar-se a partir d'energia, i els parells partícula/antipartícula es poden convertir un altre cop en energia en qualsevol quantitat. Hom no pot formar només una partícula a partir d'energia, o només una antipartícula, però hom pot formar el parell.

La pròpia energia està feta de «fotons» i es planteja la qüestió de si el fotó és una partícula o una antipartícula. Sembla que no hi ha manera de convertir un fotó en un electró, per exemple, per tant no pot ser una partícula. Tampoc no hi ha manera de convertir-lo en un antielectró, per tant no pot ser una antipartícula.

Tanmateix però, un fotó gamma suficientment energètic pot convertir-se en un parell electró/antielectró. Llavors semblaria que el fotó per si sol no és ni una partícula ni una antipartícula sinó un parell partícula/antipartícula.

Cada fotó també és un antifotó. Per dir-ho d'una altra manera, un fotó és el seu propi oposat.

Hom podria veure-ho d'aquesta manera. Suposem que es doblega un full de paper per la meitat, dividint-lo en dos i posant els noms de totes les partícules en una banda i els noms de totes les antipartícules a l'altra. A on posaríem el fotó? Al mig del doblec!

Per aquesta raó l'energia produïda per un món de partícules està constituïda per fotons i l'energia constituïda per un món d'antipartícules també està constituïda per fotons, sense diferència entre els dos tipus. L'energia és la mateixa sigui quina sigui la manera i no hi ha cap cosa (pel que nosaltres sabem) que pugui ser antienergia.

61. En què difereixen les propietats dels neutrins i dels raigs còsmics?

Els raigs còsmics consisteixen en partícules subatòmiques molt ràpides de massa considerable que tenen càrregues elèctriques positives. Aproximadament el 90 per cent de les partícules són protons (nuclis d'hidrogen i el 9 per cent són partícules alfa (nuclis d'heli). L'u per cent restant són nuclis d'àtoms més complexos. S'han detectat nuclis d'àtoms tan complexos com el del ferro, amb una massa 56 vegades més gran que la d'un protó.

Com que els raigs còsmics tenen una massa tan gran i es mouen amb velocitats força grans (pròximes a la velocitat de la llum), tenen molta energia. De fet, són les partícules més energètiques que coneixem i alguns raigs còsmics tenen una energia milers de milions de vegades més gran que la que es pugi produir en l'accelerador més potent.

Quan les partícules dels raigs còsmics xoquen amb l'atmosfera de la Terra, trenquen qualsevol àtom que es troben i produeixen feixos de «radiació secundària» constituïts per una variació de partícules, entre les quals s'inclouen els mesons i els positrons. A la llarga, la radiació xoca amb la Terra mateix, algunes d'elles penetren diversos metres abans de ser absorbides. Aquestes partícules poden portar canvis a qualsevol àtom que es trobin, inclosos els del cos humà. Els canvis produïts d'aquesta manera poden, possiblement, produir malalties com la leucemia. També poden induir mutacions. A un individu en concret, tanmateix, les possibilitats que li passi això són petites, ja que gairebé tots els raigs còsmics que toquen una persona en concret passen a través seu sense fer-li un mal important.

La font de raigs còsmics i la forma en la qual assoleixen la seva enorme energia són temes de disputa.

En qualsevol reacció nuclear que produeixi electrons, positrons o muons, també es produeixen neutrins. Les reaccions nuclears que tenen lloc en el Sol, per exemple, produeixen grans quantitats de positrons i d'aquesta manera també produeixen grans quantitats de neutrins.

Els neutrins, que es propaguen a la velocitat de la llum, encara són més ràpids que els raigs còsmics, però són molt menys energètics, ja que els neutrins no tenen ni massa ni càrrega elèctrica. Els neutrins no són absorbits per la matèria a no ser que toquin directament el nucli atòmic, i això és tan poc freqüent que per norma general, poden passar a través de bilions de quilòmetres de plom sòlid sense ser absorbits.

Així, els incomptables bilions de neutrins produïts pel Sol cada segon surten en totes direccions. Aquells que, casualment, van dirigits cap a la Terra xoquen amb nosaltres, llavors passen a través del planeta com si aquest no hi fos. També passen a través nostre. Nosaltres som bombardejats constantment per neutrins nit i dia durant tota la nostra vida. Tanmateix, com que passen a través nostre sense ser absorbits, no ens afecten de cap manera.

És possible, és clar, que un neutrí concret pugui, tenint la sort molt de cara, xocar exactament amb un nucli atòmic quan és a prop nostre. Llavors pot ser detectat. Als anys 50, els físics van aprendre a aprofitar-se d'aquests esdeveniments poc freqüents. Actualment els neutrins ens poden servir per donar-nos informació de l'interior de les estrelles (on es formen) que no podríem aprendre de cap altra manera.

62. **Quina perillositat representen els raigs còsmics per als homes a l'espai?**

El 1911, un físic austríac, Víctor F. Hess, va descobrir que la Terra era bombardejada per una radiació molt penetrant provinent de l'espai exterior. El 1925 el físic americà Robert A. Millikan va anomenar «raigs còsmics» a aquesta radiació perquè s'originava en el «cosmos» o univers.

Amb els anys, es va descobrir que els raigs còsmics eren nuclis atòmics de molt elevada velocitat, cadascun amb càrrega elèctrica positiva. Aproximadament el 90 per cent d'ells eren protons (nuclis d'àtoms d'hidrogen) i un 9 per cent són partícules alfa (nuclis d'àtoms d'heli). L'u per cent restant eren nuclis de més massa i més complicats, alguns tan grans com el del ferro, que té una massa de cinquanta sis vegades la del protó.

Els nuclis ràpids que xoquen contra l'atmosfera externa de la Terra són la «radiació primària». Col·lisionen amb les molècules d'aire i se les enduen lluny, produint una varietat de partícules gairebé tan energètiques com la radiació primària. Aquestes partícules noves, extretes de les molècules d'aire, constitueixen la «radiació secundària».

Part de la radiació arriba a la superfície de la Terra i penetra molts metres a l'escorça terrestre. Pel camí una petita part travessa els cossos humans. Aquestes radiacions poden produir danys a les cèl·lules, podent ser aquest un dels factors que produeix mutacions als gens. Una quantitat suficient de radiació d'aquesta podria danyar prou les cèl·lules per matar una persona, però aquí, al fons de la nostra atmosfera no n'hi ha tanta com per a això. Els éssers vius han sobreviscut al bombardeig de raigs còsmics durant milers de milions d'anys.

L'origen dels raigs còsmics és un tema de disputa, però com a mínim una part d'ells es forma a les estrelles. El 1942, es va descobrir que el nostre Sol produeix raigs còsmics suaus quan una «erupció solar» (un tipus de gran explosió) sacseja la seva superfície.

La nostra atmosfera superior absorbeix molta de l'energia dels raigs còsmics, i la radiació secundària és absorbida, en part, més avall. Només una fracció petita de l'energia original de la radiació sobreviu fins a arribar-nos aquí a la superfície.

A fora a l'espai, tanmateix, els astronautes s'haurien d'enfrontar amb tota la fúria de la radiació primària. Protegir-se tampoc seria gaire bo. Els raigs còsmics en xocar amb els àtoms de qualsevol protecció produirien una radiació secundària que es propagaria cap a l'interior en totes direccions com la metralla. Un tipus equivocat de protecció a la llarga pot fer anar les coses pitjor.

La quantitat de perill depèn de l'activitat que els raigs còsmics tinguin a l'espai exterior —especialment en el nombre de partícules que tenen una massa considerable, que serien les que farien més mal. Els Estats Units i la Unió Soviètica han enviat nombrosos satèl·lits per comprovar les quantitats de raigs còsmics, i sembla que sota condicions ordinàries la quantitat és prou baixa per a una seguretat raonable.

La possibilitat més gran de perill pot venir dels raigs

còsmics suaus del Sol. La nostra atmosfera els para completament, però no hi ha cap atmosfera que faci aquest servei als astronautes. Tot i que són suaus, en quantitat poden ser perillosos. Els raigs còsmics del Sol només són presents en quantitat quan es produeixen erupcions solars. Afortunadament, aquestes erupcions no són gaire freqüents, però desafortunadament no pot predir-se el moment exacte en què es produiran.

Per això, quan els nostres astronautes són a la Lluna, hem d'esperar que durant una o dues setmanes no hi hagi grans erupcions que llancin sobre ells partícules de raigs còsmics.

63. **Els neutrins són matèria o energia?**

Al segle dinou, els científics donaven per fet que la matèria i l'energia eren dues coses completament diferents. Per matèria s'entenia qualsevol cosa que ocupés espai i que tingués massa. Pel fet de tenir massa, la matèria també tenia inèrcia i responia a un camp gravitatori. Per energia s'entenia allò que no ocupava espai i que no tenia massa, però que podia fer treball. Més tard es va creure que la matèria es componia de partícules (àtoms) mentre que l'energia estava sovint constituïda per ones.

Més endavant, els científics del segle dinou creien que la matèria mai no podia ser creada ni destruïda, i que l'energia mai no podia ser creada ni destruïda. La quantitat total de matèria a l'univers era constant i també ho era la quantitat total d'energia. D'aquesta manera hi havia una llei de conservació de la matèria, i també una llei de conservació de l'energia.

Llavors el 1905, Albert Einstein va demostrar que la massa és una forma molt concentrada d'energia. La massa podia convertir-se en energia i viceversa. Tot el que s'havia de tenir en compte era la llei de conservació de l'energia. Aquesta incloïa la matèria.

Encara és més, cap als anys 20 va quedar clar que no es podia parlar de partícules i ones com si fossin dues coses diferents. El que nosaltres considerem normalment ones actuen en alguns casos com si fossin partícules. És a dir, podem parlar d'«ones de l'electró» per exemple; i també podem parlar de «partícules de llum» o «fotons».

Encara queda una diferència. Les partícules de matèria poden estar en repòs en relació a algun observador. Fins i tot estant en repòs, tenen massa. Tenen una «massa en repòs» que és major que zero.

Les partícules com els fotons, en canvi, tenen una massa en repòs de zero. Si estiguessin en repòs respecte a vostè, vostè no podria mesurar cap massa. Això no obstant, és purament teoria, ja que les partícules amb una massa en repòs de zero mai no poden estar en repòs respecte a vostè o a qualsevol observador. Aquestes partícules sempre han de propagar-se a la velocitat de 299.793 quilòmetres per segon en el buit. Tan aviat com es formen, toquen pirandó a aquesta velocitat.

Com que els fotons sempre viatgen a 299.793 quilòmetres per segon (en el buit) i com que la llum està constituïda per fotons, nosaltres parlem d'aquesta velocitat com de la «velocitat de la llum».

Bé, i què hi ha dels neutrins? Es formen en certes reaccions nuclears i encara no ni ha hagut cap físic atòmic que hagi estat capaç de mesurar la seva massa. Sembla molt probable que els neutrins, com els fotons, tenen una massa en repòs de zero.

Si és així, els neutrins sempre es propaguen a 299.793 quilòmetres per segon en el buit i assoleixen aquesta velocitat en el moment que es formen.

Els neutrins tanmateix no són fotons, ja que tenen diferents propietats. Els fotons interaccionen molt fàcilment amb les partícules de matèria i són frenats i absorbits (a vegades molt de pressa) quan passen a través de la matèria.

Tot i així els neutrins rarament interaccionen amb partícules de matèria i poden passar a través d'anys llum de plom sòlid sense ser afectats.

Llavors sembla clar que si els neutrins tenen una massa en repòs nul·la, no són matèria. Per altra banda, es necessita energia per formar-los i quan se'n van s'emporten energia amb ells, és a dir *són* una forma d'energia.

Encara més, passen a través de qualsevol matèria que existeixi amb gairebé cap interacció; per tant virtualment no fan treball. Això els fa diferents de qualsevol altra forma d'energia. Potser faríem millor si els anomenéssim senzillament... neutrins.

64. **Com funciona una cambra de bombolles?**

Una cambra de bombolles és un dispositiu per detectar partícules subatòmiques. Va ser inventat el 1952 pel físic americà Donald A. Glasser, que de resultes d'això, va rebre el premi Nobel el 1960.

Bàsicament és un recipient que conté líquid a temperatura superior al seu punt d'ebullició. El líquid està sota pressió de manera que es manté sense bullir. Però, no obstant això, si es disminueix la pressió el líquid pot bullir i hi apareixen bombolles de vapor.

Suposem que una partícula subatòmica, com un protó o un mesó, se submergeix en el líquid d'una cambra de bombolles. Col·lisiona amb els àtoms i molècules del líquid i els transfereix part de la seva energia; així es forma una línia d'àtoms i molècules en el líquid que estan una mica més calents que els de qualsevol altre lloc. Si es disminueix la pressió en el líquid, les bombolles de vapor es col·loquen primer al llarg de la línia d'energia deixada arran de la partícula subatòmica. Així queda un rastre de bombolles visible que marca el lloc per on passen les partícules, que es pot fotografiar fàcilment.

Aquest rastre visible, els diu molt als físics, particularment si la cambra de bombolles està situada entre els pols d'un imant potent. Aquelles partícules capaces de deixar un rastre de bombolles sempre porten càrrega elèctrica, ja sigui positiva o negativa. Si tenen càrrega positiva, el seu camí es corba en un determinat sentit sota la influència de l'imant, si té càrrega negativa, el seu camí es corba en el sentit contrari. A partir del grau de corbatura, el físic pot determinar la velocitat de trajecte. A partir de tot això, del gruix del rastre, etcètera, pot determinar la massa de la partícula.

Quan una partícula es desintegra en dues partícules o més, el rastre es divideix. En cas de col·lisió, també hi ha divisions. En una fotografia determinada d'una cambra de bombolles, hi ha nombrosos rastres, que es troben, que se separen, que es divideixen. A vegades hi ha un forat entre trossos del camí que segueix el rastre, i aquest forat s'ha d'omplir amb alguna partícula no carregada; les partícules no carregades no deixen senyals en moure's per la cambra de bombolles.

Per al físic nuclear, la combinació complicada de rastres té tant significat com les petges d'animals a la neu per a un caçador experimentat. A partir de la naturalesa dels rastres, el físic pot identificar les partícules involucrades o bé dir si entre tot ha trobat un nou tipus de partícula.

La cambra de bombolles original de Glaser tenia un diàmetre de pocs centímetres, però ara es construeixen cambres enormes de diversos metres de diàmetre que contenen centenars de litres de líquids.

Els líquids utilitzats en una cambra de bombolles poden ser de diferents tipus. Algunes contenen gasos nobles liquats, com xenó o heli. Altres contenen gasos orgànics liquats.

No obstant això, el líquid més útil per a una cambra de bombolles és l'hidrogen líquid. L'hidrogen està constituït pels àtoms més simples coneguts. Cada àtom d'hidrogen consisteix en un nucli constituït per un sol protó, al voltant del qual dóna voltes un sol electró. L'hidrogen líquid doncs està constituït només de protons i electrons aïllats. Tots els altres líquids tenen nuclis atòmics que són conglomeracions de diversos protons i també de diversos neutrons.

Per això els esdeveniments subatòmics que ocorren dins de l'hidrogen líquid són particularment senzills, i són els més fàcils de llegir a partir dels rastres de bombolles.

65. **Què és un reactor reproductor?**

L'urani-235 és un combustible nuclear pràctic. És a dir, els neutrons lents són capaços de fer que els àtoms d'urani-235 sofreixin fissió (es parteixin en dos) i produeixin més neutrons lents que portaran més fissió atòmica, etcètera. L'urani-233 i el plutoni-239 són combustibles nuclears pràctics pel mateix motiu.

Desafortunadament, l'urani-233 i el plutoni-239 només existeixen a la natura en traces mínimes, i l'urani-235, tot i que existeix en quantitats apreciables, encara és força rar. A qualsevol mostra d'urani natural, només set àtoms de cada mil són d'urani-235. La resta són d'urani-238.

L'urani-238, el tipus comú d'urani, *no* és un combustible nuclear pràctic.

Pot fer-se-li experimentar fissió, però només amb neutrons ràpids. Els àtoms d'urani-238 que es parteixen en dos produeixen neutrons lents i aquests no són suficients per portar a terme més fissions. L'urani-238 pot ser comparat amb la fusta humida que pot ser abrandada però que a la llarga s'apaga.

Tot i així, suposem que l'urani-235 fos separat de l'urani-238 (una tasca bastant difícil) i utilitzat per posar en marxa un reactor nuclear. Els àtoms d'urani-235 que constitueixen el combustible del reactor experimenten fissió i desprenen grans miríades de neutrons lents en totes direccions. Si el reactor està envoltat per una closca d'urani ordinari (que majoritàriament és urani-238), arribar a la closca els neutrons seran absorbits per l'urani-238. Els neutrons no poden fer que l'urani experimenti fissió, però portaran altres canvis que, al final, produiran plutoni-239. Si aquest plutoni-239 se separa de l'urani (una tasca bastant fàcil), pot ser utilitzat com a combustible nuclear pràctic.

Un reactor nuclear que reprodueix combustible nou d'aquesta manera per reemplaçar el combustible utilitzat és un «reactor reproductor». Un reactor reproductor de disseny adequat produirà plutoni-239 en quantitats més grans que les d'urani-235 consumit. D'aquesta manera, totes les reserves d'urani de la Terra, i no només l'escàs urani-235, esdevenen reserves potencials de combustible.

El tori, tal com es troba a la natura, està constituït completament de tori-232. Aquest, com l'urani-238, no és un combustible nuclear pràctic, ja que requereix neutrons ràpids per fer-li experimentar fissió.

No obstant això, si el tori-232 és situat en una closca al voltant d'un reactor nuclear, els àtoms de tori-232 absorbiran neutrons i, sense experimentar fissió, a la llarga esdevindran àtoms d'urani-233. Com que l'urani-233 és un combustible pràctic que pot ser separat fàcilment del tori, el resultat és un altre tipus de reactor reproductor, que fa que les reserves de tori disponibles siguin un combustible nuclear pràctic.

La quantitat total d'urani i tori a la Terra és unes 800 vegades més gran que les reserves d'urani-235 sol. Això significa que la utilització adequada de reactors reproductors multiplicaria per 800 les reserves potencials d'energia de la Terra amb plantes de fissió nuclear.

66. **Quina temperatura ha de tenir l'hidrogen i durant quant temps per fer que una reacció de fusió es mantingui per si sola?**

A mesura que l'hidrogen s'escalfa a temperatures més i més elevades, perd energia per radiació a un ritme més i més ràpid. Per altra banda, si la temperatura continua pujant, els àtoms d'hidrogen perden els seus electrons, deixant que el nuclis nus xoquin entre ells i es fusionin. Quan té lloc aquesta fusió, es produeix energia. A mesura que la temperatura va pujant, es produeix més i més energia amb la fusió.

La quantitat d'energia produïda per la fusió augmenta amb la temperatura a un ritme més ràpid que el de pèrdua d'energia per radiació. A alguna temperatura crítica, l'energia produïda per la fusió esdevé tan gran com la perduda per radiació. En aquest punt, la temperatura es manté i la reacció de fusió esdevé autosuficient. Com més hidrogen s'introdueixi en el sistema, contínuament es produirà més energia.

La temperatura que es requereix varia amb el tipus d'hidrogen. El tipus més comú és hidrogen (H) amb un nucli constituït per un protó. Llavors hi ha l'hidrogen pesat, o deuteri (D), amb un nucli constituït per un protó i un neutró, i l'hidrogen radiactiu, o triti (T), amb un nucli constituït per un protó i dos neutrons.

La quantitat d'energia produïda a una temperatura donada per fusions amb D és més gran que les que tenen lloc amb H, i encara és més gran per a les que involucren T.

Les fusions que impliquen només H produeixen tan poca energia a una temperatura donada que es necessitaria una temperatura de més de mil milions de graus centígrads per fer funcionar aquesta reacció al laboratori. Efectivament, és l' H el que es fusiona al centre del Sol, a on la temperatura és de només 15.000.000°C, però a una temperatura tan baixa, només pot fusionar-se una porció minúscula de l'hidrogen. Hi ha, tanmateix, una quantitat tan gran d'H en el Sol que només amb la minúscula porció que es fusiona és suficient per mantenir la radiació solar.

La temperatura més baixa que es requereix per posar en ignició una fusió seria la requerida per una que només involucrés T; aquesta només requeriria uns pocs milions de graus. Desafortunadament, el triti és inestable i es troba rarament a la naturalesa. S'hauria de formar en el laboratori quan es necessités i tot i així seria impossible mantenir a base de triti la quantitat de reaccions de fusió que necessita la Terra.

La fusió del deuteri té una temperatura d'ignició de 400.000.000°C. El deuteri és estable però escàs; només un de cada 6.700 àtoms d'hidrogen és de deuteri. Tot i així, no és gaire escàs. Hi ha prou deuteri en un litre d'aigua ordinària per produir tanta energia per fusió com la que es produiria cremant 300 litres de gasolina.

Una manera d'assolir la temperatura necessària pot ser amb l'addició de triti suficient perquè actuï com a iniciador. La fusió de deuteri amb triti pot tenir ignició a una temperatura de només 45.000.000 °C. Si se'n pot fer funcionar una petita part, la resta de la mescla podria escalfar-se prou perquè el deuteri pogués arribar a ignició per si sol.

El temps durant el qual s'ha de mantenir la temperatura depèn de la densitat de l'hidrogen. Com més àtoms hi hagi per centímetre cúbic, més col·lisions hi haurà i més ràpida serà la ignició. Si hi hagués 10^{15} àtoms per centímetre cúbic (aproximadament una deumilèsima part del nombre de molècules per centímetre cúbic a l'aire ordinari), la temperatura s'hauria de mantenir durant dos segons.

Naturalment, com més elevades siguin la densitat i la temperatura, més difícil és mantenir el deuteri junt encara que només sigui pel curt interval de temps necessari per començar. Al llarg dels anys els sistemes de fusió han estat millorats lentament, però encara no s'han assolit les condicions per a la ignició.

67. **Com funciona un microscopi electrònic?**

Per respondre això, preguntem primer: com determinem quina és la mida d'un objecte?

Els raigs de llum que ens arriben provinents dels dos extrems oposats d'un objecte formen un angle al nostre ull. A partir de la mida d'aquest angle podem jutjar la mida aparent d'un objecte.

Si, tanmateix, aquests raigs de llum passen a través d'una lent convexa abans d'arribar als nostres ulls, aquests raigs són corbats de manera que l'angle format a l'ull es fa més gros. D'aquesta manera, l'objecte que veiem a través de la lent sembla engrandit, fins i tot cada una de les seves parts. El que tenim és una «lent d'augment».

Utilitzant diverses lents en combinació, és possible augmentar qualsevol objecte milers de vegades i veure d'una manera clara detalls que serien massa petits per veure a ull nu. Llavors tenim un «microscopi òptic», que utilitza ones de llum. A través seu podem veure objectes tan petits com un bacteri.

Podríem agrupar lents i lents i així fer un microscopi que engrandís tant els objectes que en poguéssim veure de molt més petits que un bacteri? Fins i tot àtoms?

Desafortunadament, no. Encara que utilitzem lents perfectes en perfectes condicions no podríem. La llum consisteix en ones d'una certa longitud (aproximadament 1/20.000 de cm) i no es veurà clarament res més petit que això. Les ones de llum són suficientment grosses per «passar per alt» qualsevol cosa que sigui més petita que elles.

Hi ha formes de llum amb longituds d'ona més petites que la de la llum ordinària. Els raigs X tenen longituds d'ona que són de només una deumilèsima part de la de la llum. Desafortunadament, els raigs X passen directament a través del objectes que intentem veure.

No obstant això, també hi ha electrons. Aquests són partícules que també es comporten com a ones. Tenen una longitud d'ona que és aproximadament semblant a la dels raigs X, i els electrons no travessen directament les coses que intentem veure.

Suposem que es projecta un feix de llum sobre un objecte. L'objecte absorbeix la llum i projecta una ombra, i nosaltres veiem l'objecte per comparació de llum i ombra. Si es projecta un feix d'electrons sobre un objecte, l'objecte absorbirà els electrons i projectarà una «ombra electrònica». Per a nosaltres seria perillós intentar posar els ulls en el camí d'un feix d'electrons, però podem posar-hi una pel·lícula fotogràfica. L'ombra electrònica ens ensenyarà la forma de l'objecte i fins i tot els seus detalls si algunes de les seves parts absorbeixen electrons més o menys intensament que d'altres.

Però què passa si l'objecte és molt petit? Si hi intervinguessin feixos de llum, podríem utilitzar lents per corbar aquests feixos de manera que amplifiquéssim l'aparença de l'objecte. No podem utilitzar lents ordinàries per corbar un feix electrònic, però podem utilitzar una altra cosa. Els electrons tenen càrrega elèctrica i això significa que seguiran un camí corb en un camp magnètic. Si s'utilitza un camp magnètic de força i forma adequades, pot manipular-se un feix d'electrons exactament de la mateixa manera que una lent pot manipular un feix de llum.

En resum, tenim un «microscopi electrònic», que utilitza els feixos d'electrons exactament de la mateixa manera que un «microscopi òptic» utilitza els feixos de llum.

La diferència és que els electrons tenen una longitud d'ona tant més curta que la llum ordinària, de manera que un microscopi electrònic pot ensenyar-nos objectes tan petits com els virus, mentre que un microscopi òptic no pot.

68. **Què és l'entropia?**

L'energia pot convertir-se en treball només si, en el sistema particular que s'utilitzi, la concentració d'energia no sigui uniforme. Llavors la concentració d'energia tendeix a fluir del punt de més concentració al de menys concentració fins que s'uniformitza. Es pot obtenir treball a partir d'energia si s'aprofita aquest corrent.

L'aigua a les fonts d'un riu està més elevada i té més energia gravitatòria que la de l'aigua a la desembocadura del riu. Per aquest motiu, l'aigua flueix riu avall cap a l'oceà. (Si no fos per les pluges, tota l'aigua dels continents fluiria muntanyes avall cap a l'oceà i el nivell de l'oceà pujaria lentament. L'energia gravitatòria total seria la mateixa però estaria repartida més uniformement).

Quan l'aigua baixa muntanya avall pot fer-se rodar una roda hidràulica, i l'aigua pot fer treball. L'aigua que està en un únic nivell no pot fer treball; ni tampoc si l'aigua està en un nivell elevat i té una energia gravitatòria extraordinàriament elevada. El factor crucial és la diferència en la concentració d'energia i el corrent cap a la uniformitat.

Això és veritat per a qualsevol tipus d'energia. A les màquines de vapor hi ha un dipòsit de calor que converteix l'aigua en vapor i un dipòsit fred que condensa el vapor en aigua un altre cop. És aquesta diferència de temperatura el factor crucial. A qualsevol temperatura a un únic nivell, encara que sigui alta, no pot obtenir-se treball.

El terme «entropia» va ser introduït el 1850 per un físic alemany, Rudolf J. E. Clausius, per representar la uniformitat amb què es distribueix l'energia de qualsevol tipus.

Com més uniformement es distribueix, més elevada és l'entropia. Si l'energia es distribueix d'una manera uniformement perfecta, l'entropia és màxima per al sistema que s'estigui considerant.

A Clausius li semblava que en un sistema deixat evolucionar espontàniament, les diferències d'energia sempre tendien a igualar-se. Si un objecte calent es posa en contacte amb un altre de fred, la calor flueix de manera que l'objecte calent es refreda i el fred s'escalfa fins que tots dos estan a la mateixa temperatura. Si dos dipòsits d'aigua es connecten i un té un nivell d'aigua més alt que l'altre, la influència gravitatòria farà que un nivell d'aigua disminueixi i l'altre creixi, fins que ambdós nivells siguin iguals i l'energia gravitatòria s'hagi igualat.

Per això Clausius va dir que hi havia una regla general a la natura que feia que tendissin a igualar-se les diferències de concentració d'energia. En altres paraules, «l'entropia augmenta amb el temps».

L'estudi del flux d'energia des d'un punt de concentració més elevada fins a punts de concentració més baixa va ser dut a terme majoritàriament i d'una manera completa en relació amb l'energia en forma de calor. Per això l'estudi del flux d'energia i dels intercanvis d'energia i treball ha estat conegut amb el nom de «termodinàmica» que en grec vol dir «moviment de la calor».

Amb anterioritat s'havia decidit que l'energia no podia ser creada ni destruïda. Aquesta era una regla tan fonamental que es va anomenar la «primera llei de la termodinàmica».

El suggeriment de Clausius que l'entropia augmentava amb el temps va semblar una regla general gairebé igual de fonamental i s'anomena la «segona llei de la termodinàmica».

69. **S'està parant l'univers?**

D'acord amb la «segona llei de la termodinàmica», l'entropia sempre està augmentant. Això vol dir que les diferències de concentració d'energia sempre s'estan igualant. Quan totes les diferències de concentració d'energia s'hagin igualat totalment, no podrà obtenir-se més treball a partir d'energia: no podran tenir lloc més canvis.

Pensem en un rellotge. Un rellotge funciona perquè hi ha una concentració d'energia a la molla principal o a la pila. Quan es descargola la molla o quan té lloc la reacció química a la pila, hi ha un flux d'energia del punt d'alta concentració al punt de baixa i com a resultat d'aquest flux el rellotge funciona. Un cop la molla s'ha descargolat completament o la pila ha totalitzat el seu canvi químic, el nivell d'energia s'ha igualat a tot el rellotge, no hi ha més flux d'energia, i el rellotge ja no funciona. S'ha «parat». Per analogia amb aquest fet diem que l'univers es «pararà» quan tota l'energia s'hagi igualat completament.

Naturalment, podem donar corda un altre cop al rellotge o bé comprar una pila nova. Per donar corda al rellotge, fem servir la potència dels nostres músculs i nosaltres mateixos ens «parem» una miqueta. Podem comprar una pila nova, però aquesta ha de ser manufacturada i, per fer-la, la indústria de l'home s'ha de «parar» una mica.

Podem renovar la nostra potència muscular menjant, però el menjar està format originàriament per plantes que utilitzen l'energia del Sol. La indústria humana funciona bàsicament amb carbó i petroli format per plantes en eons passats a partir de l'energia del Sol. A mesura que les coses es «paren» a la Terra, sempre podem «donarlos» corda un altre cop fent servir alguna cosa que generalment es remunta a l'energia del Sol i a la manera que aquesta s'estigui «parant».

El Sol està constituït majoritàriament per hidrogen,

que conté molta més energia per partícula que la que contenen altres àtoms més complicats com els d'heli, oxigen i ferro. A dins del Sol hi ha una uniformització gradual de la concentració d'energia a mesura que l'hidrogen es converteix en àtoms més complicats. (A les centrals nuclears de la Terra, passa el mateix quan els àtoms d'urani es converteixen en àtoms menys complicats. Si nosaltres desenvolupéssim centrals de fusió duplicaríem, en certa manera, el que passa en el Sol).

Pel que podem dir, a la llarga les concentracions d'energia s'igualaran en el Sol i aquest es quedarà només amb àtoms de mida intermèdia. Això també serà veritat per totes les altres estrelles de l'univers i per a tot l'univers.

Si la segona llei de la termodinàmica és veritat, llavors totes les concentracions d'energia de tot arreu de l'univers s'estan igualant i l'univers, en aquest sentit, s'està parant. Si això és veritat, llavors l'entropia arribarà a un màxim quan tota l'energia de l'univers s'hagi igualat del tot; llavors no passarà res més perquè tot i que tota l'energia encara serà allà, no hi haurà cap més flux que faci que passin coses.

S'està parant (si la segona llei és realment certa sota totes les condicions), però no hi ha necessitat d'alarma immediata. El procés tardarà bilions d'anys a arribar a la seva fi, i l'univers tal com ara és no només perdurarà més que nosaltres sinó que, amb tota probabilitat, durarà més que la humanitat i fins i tot més que la Terra.

70. **Quina connexió hi ha entre l'entropia i l'ordre?**

Imaginem nou persones distribuïdes en un quadrat —tres files de tres, i totes les files i columnes espaiades igual. Podem dir que aquesta és una distribució ordenada perquè és ben proporcionada i simètrica i es descriu fàcilment.

Si cadascun dels nou homes fa un pas endavant simultàniament, encara estaran en formació i la distribució encara serà ordenada. El mateix és cert si cadascun fa un pas enrera, o cadascun fa un pas a l'esquerra o cadascun fa un pas a la dreta.

Suposem, tanmateix, que se li diu a cada home que faci un pas, ja sigui endavant, enrera, a l'esquerra o a la dreta, i que cada home és lliure completament de triar la seva direcció. Pot ser que cada home d'una manera independent resulti que decideix fer un pas endavant. En aquest cas, es mantindria l'ordre.

Tot i així, la probabilitat que un home concret faci un pas endavant és només d'un entre quatre, ja que és lliure de moure's en qualsevol de les quatre direccions diferents. La probabilitat que tots nou homes independentment triïn moure's endavant és d'1 entre 4x4x4x4x4x4x4x4x4, és a dir 1 entre 262.164.

Si tots es mouen a la dreta, o tots a l'esquerra, o tots cap enrera, també es mantenen en ordre de manera que la probabilitat total de fer-ho és de 4 entre 262.144 o de 1 entre 65.538.

Tot i així, hom pot veure com és de minúscula la probabilitat, i hom sap que si els homes se'ls deixa en llibertat per moure's, llavors un sol pas serà suficient per trencar el quadrat i disminuir la quantitat d'ordre. Encara que per un cop de sort tots es moguessin plegats, llavors el pas següent, amb tota probabilitat, trencaria el quadrat.

Aquest és el cas en el qual només hi ha nou homes implicats i a on només són permeses quatre direccions diferents de moviment. A la majoria de processos naturals, tractem amb innombrables bilions d'àtoms lliures per moure's de maneres molt diferents. Si, per alguna casualitat hi hagués algun tipus d'ordre imposat per a l'ordenació dels àtoms al començament, llavors qualsevol moviment lliure a l'atzar, qualsevol canvi espontani, estaria lligat a un decreixement d'aquest ordre, o, per dir-ho d'una altra manera, a incrementar el desordre.

D'acord amb la segona llei de la termodinàmica, l'entropia de l'univers sempre augmenta; és a dir, la distribució d'energia de l'univers s'està igualant constantment. Es pot demostrar que qualsevol procés que iguali la concentració d'energia també incrementa el desordre. D'aquesta manera, aquesta tendència a incrementar el desordre a l'univers amb els moviments lliures a l'atzar fets per les partícules no és més que un altre aspecte de la segona llei i l'entropia pot ser considerada com una mesura del desordre present a l'univers.

Si ho mirem d'aquesta manera, podem veure els efectes de la segona llei a tot arreu al voltant nostre, ja que els canvis naturals funcionen clarament en la direcció del desordre i només és amb un esforç especial, a costa de nosaltres mateixos, que podem restaurar l'ordre. Les nostres pertinences queden fora del seu lloc, les nostres cases es desordenen, la nostra roba s'embruta, i constantment hem d'endreçar i treure la pols i netejar per estar en un lloc. Pot fer-nos sentir millor pensar que aquest és el resultat del funcionament d'una llei còsmica —però en certa manera a mi no m'hi fa sentir.

71. **Quina connexió hi ha entre l'entropia i el temps?**

Suposem que considerem una imatge en moviment de la Terra donant voltes al Sol, presa des de lluny de l'espai, i accelerada de manera que veiem que la Terra sembla que vagi corrents per la seva òrbita. Imaginem que fem anar la pel·lícula primer endavant, després endarrera. Podem distingir si va endavant o endarrera només mirant com es mou la Terra?

Es podria dir que la Terra es mou al voltant del Sol en el sentit contrari al de les agulles del rellotge si es mira desde sobre del pol nord del Sol. Si sembla que es mogui en el sentit de les agulles del rellotge, llavors sabem que la pel·lícula va enrera per tant que el temps va enrera.

Però llavors, si es mira la Terra donant voltes al Sol des de sobre el pol sud del Sol, la Terra es mou sobre el Sol en el sentit de les agulles del rellotge. Com sabrem, si el que veiem és aquest sentit de rotació, si s'està sobre el pol nord amb el temps anant enrera o sobre el pol sud amb el temps anant endavant?

No es pot. En processos molt simples en els quals només intervenen pocs objectes, és impossible dir si el temps va endavant o enrera. Les lleis de la natura es compleixen igual en qualsevol dels casos. Això també és veritat si es consideren partícules subatòmiques.

Un electró fent un revolt d'una manera concreta amb el temps endavant pot, per tot el que se sap, ser un positró que faci aquell mateix revolt amb el temps anant cap enrera. Si es considera només aquesta partícula, possiblement no es pugui determinar quina és l'alternativa correcta.

En aquells processos molt simples en els quals no es pot dir si el temps va endavant o enrera, no hi ha canvi d'entropia (o n'hi ha un de tan petit que pot ser ignorat). En processos corrents que involucren moltes partícules, per altra banda, sempre augmenta l'entropia. Això és el mateix que dir que el desordre sempre augmenta. Un saltador cau dins la piscina i l'aigua esquitxa cap amunt; un gerro cau i es trenca; les fulles cauen d'un arbre i s'escampen en el terra.

Es pot demostrar que totes aquestes coses i tot el que normalment passa al voltant nostre implica un augment en entropia. Nosaltres estem acostumats a veure augmentar l'entropia i acceptem que aquest augment com indicador que tot funciona normalment i que anem endavant en el temps. Si de sobte veiéssim l'entropia decreixent, l'única manera que podríem explicar-ho seria suposar que anem enrera en el temps.

Per exemple, suposem que estiguéssim veient una pel·lícula d'activitats quotidianes. Suposem que veien esquitxos d'aigua que s'ajunten i un saltador que s'enlaira amunt cap a un trampolí. Suposem que veiem els fragments d'un gerro que es posen junts i s'enlairen enrera fins a una posició en una taula. Suposem que veiem fulles que s'acumulen totes juntes i van amunt des del terra fins a llocs concrets d'un arbre. Totes aquestes coses denoten una disminució d'entropia i sabem que això està tan completament fora de l'ordre de les coses que la pel·lícula ha d'estar anant cap enrera. De fet, els esdeveniments tenen lloc tan estranyament quan el temps va enrera que en veure-ho ens fa riure.

Com a conseqüència l'entropia a vegades s'anomena la «fletxa del temps», perquè el seu augment constant marca el que nosaltres considerem que és la «direcció endavant» del temps. (Diem que si tots els àtoms dels objectes es moguessin de la manera correcta, totes aquestes coses cap enrera podrien passar, però les probabilitats són tan petites que podem gairebé ignorar-ne la possibilitat).

72. Si l'univers s'està parant constantment, com se li va donar corda al començament?

La millor resposta que hom pot donar a aquesta pregunta és que no ho sap ningú.

Pel que podem dir, tots els canvis són en el sentit d'incrementar l'entropia, d'incrementar el desordre, d'incrementar l'atzar, de parar-se. Encara que l'univers al principi estigués en una situació de la qual no es parés en bilions d'anys. Com va adoptar aquesta posició?

Puc pensar en tres respostes possibles, que són totes elles especulació:

1. No sabem tots els tipus de coses que passen a l'univers. Els canvis que observem tots van en el sentit d'incrementar l'entropia. En algun lloc, però, hi ha d'haver canvis, sota condicions poc usuals que encara no podem

estudiar, que van en el sentit de disminuir l'entropia. En aquest cas, l'univers, encara pot mantenir-se tot ell així. Només és la part petita que podem observar la que sembla que vagi muntanya avall i en algun lloc hi ha un moviment muntanya amunt que equilibra.

2. Suposem que l'univers no experimenta una disminució d'entropia enlloc i que *va* muntanya avall a tot arreu. Al màxim d'entropia, tota l'energia de l'univers està distribuïda uniformement i no hi ha més progressió del temps en cap direcció. Però tota l'energia encara és allà i tots els àtoms de l'univers tenen part d'aquesta energia i es mouen a l'atzar.

Pot ser, llavors, que amb aquest moviment absolutament a l'atzar, s'amuntegui una certa quantitat de concentració d'energia en una part de l'univers. A causa del moviment a l'atzar, una altra vegada es produeix una certa quantitat d'ordre. Un cop que això passa, aquesta part de l'univers comença a parar-se una altra vegada.

Pot ser que el màxim d'entropia sigui la condició normal d'un gran univers infinit i que molt de tant en tant (segons les mesures normals del temps) parts petites guanyin ordre i que ara nosaltres estiguem en una d'aquestes parts petites.

3. Potser l'única raó per la qual l'entropia sembla estar incrementant-se constantment a l'univers és perquè l'univers s'està expandint. Així només sota aquesta condició, les disposicions desordenades poden ser més probables que les ordenades.

Hi ha alguns astrònoms que creuen que l'univers no s'expandirà per sempre. Una explosió inicial el va llançar lluny però l'atracció gravitatòria mútua de les seves parts pot anar fent disminuir gradualment el seu ritme d'expansió, pot fer que arribi a una parada, i llavors el pot forçar lentament a contraure's un altre cop. Pot ser que en un univers que es contregui, els fenòmens més ordenats siguin més probables que els menys ordenats i d'aquesta manera hi hagi un decreixement continu en entropia.

Si això fos així, l'univers es pararia quan s'expandeix i es donaria corda un altre cop quan es contrau, i pot estar fent això per sempre més durant tota l'eternitat.

Fins i tot podem combinar les especulacions 1 i 3 si considerem els «forats negres». Aquestes són regions en les quals la massa està tan concentrada i la gravetat és tan potent que tot hi cau i que res, ni tan sols la llum, pot sortir-ne. Són mostres minúscules d'univers en contracció; potser en aquests forats negres la segona llei (de la termodinàmica) funciona al revés, i mentre l'univers es para a molts llocs, aquí se li dóna corda gradualment.

73. Les ones de ràdio i també les ones de llum s'utilitzen per «veure» coses a l'espai. Hi ha altres tipus d'ones mitjançant les quals hi puguem «veure»?

Les ones de ràdio estan relacionades amb les ones de la llum, la diferència és bàsicament una qüestió de longitud; les ones de ràdio són molt més llargues que les de la llum.

Hi ha una família completa d'ones que varien la seva longitud, que es coneixen com l'espectre electromagnètic. Generalment l'espectre es divideix en set regions que, ordenades per longitud d'ona decreixent, poden llistar-se com: 1) ones de ràdio, 2) microones, 3) raigs infrarojos, 4) llum visible, 5) raigs ultraviolats, 6) raigs X, i 7) raigs gamma.

L'atmosfera de la Terra només és raonablement transparent per a la llum visible i les microones. Altres porcions de l'espectre electromagnètic són gairebé absorbides completament molt abans que hagin passat per l'aire. Si observem el cel des de la superfície de la Terra, llavors, només ens són útils la llum i les microones.

La humanitat ha estat observant els cels gràcies a la

llum des del principi, ja que els homes sempre han tingut ulls. No va ser fins al 1931, tot i així, que un enginyer americà, Karl Jansky, va descobrir que detectava microones emeses per cossos celestes. Com que les microones a vegades es veuen com ones de ràdio molt curtes, aquesta branca de l'observació astronòmica s'anomena «radioastronomia».

Alguns objectes que poden ser detectats per la seva emissió de microones no emeten molta llum. En altres paraules, algunes fonts de ràdio són invisibles per a la vista.

Un cop que s'han fet observacions desde l'exterior de l'atmosfera, aquestes fan possible estudiar tot l'espectre electromagnètic.

Les observacions des de coets han deixat clar que els cossos terrestres bombardegen la Terra amb tot tipus de radiació. L'estudi d'aquesta radiació molt bé podria incrementar el nostre coneixement de l'univers en gran mesura.

Hi ha regions al cel, per exemple, que emeten llum ultraviolada en quantitats considerables. La nebulosa d'Orió és una font d'ultraviolat, i també ho són les regions que envolten l'estrella de dimensions més grosses, Spica. Encara no es coneix per què la llum ultraviolada es devia originar en aquestes quantitats en aquelles regions.

Encara més misteriós és el fet que hi ha un nombre de taques en el cel que, segons ha estat descobert, són fonts riques de raigs X. Per emetre raigs X, un objecte ha d'estar enormement calent; un milió de graus o més. No hi ha cap estrella ordinària que tingui una superfície tan calenta. Però hi ha estrelles de neutrons en les quals la matèria s'empaqueta d'una manera tan compacte que tota la massa d'un objecte de la mida del Sol podria encabir-se en una bola de només setze quilòmetres de diàmetre. Aquests objectes i altres de desconeguts poden emetre raigs X.

Probablement els astrònoms no podran fer estudis

aprofundits dels diferents tipus de radiacions que ens arriben procedents de l'espai fins que no tinguin observatoris permanentment més enllà de l'atmosfera.

La Lluna, que no té atmosfera, podria ser un lloc ideal per a un observatori així. La possibilitat de construir aquests tipus d'observatoris, i d'aquesta manera incrementar immensament els nostres coneixements de l'univers, és una de les raons més atractives que tenim per intentar arribar i colonitzar la Lluna.

74. **A mesura que s'escalfa una substància, fa claror vermella, després carbassa i després groga. Però llavors es torna blanca. Per què no va seguint l'espectre i es torna verd incandescent?**

Qualsevol objecte, a qualsevol energia absoluta major que el zero absolut, irradia ones electromagnètiques. Si la seva temperatura és molt baixa, només irradia ones de ràdio llargues, molt baixes en energia. A mesura que augmenta la temperatura, irradia més i més ones d'aquestes, però també comença a irradiar ones de ràdio més curtes (i més energètiques) al mateix temps. A mesura que continua augmentant la temperatura, comencen a ser irradiades les microones encara més energètiques, i després les infraroges.

Això no significa que a una temperatura *només* s'irradien ones de ràdio llargues, i *només* ones de ràdio curtes a temperatura més elevada, després *només* microones, i *només* infraroges. Realment, s'irradia tot el rang de radiació. Tot i així hi ha un pic de radiació; un rang de longituds d'ona que és el més irradiat, amb quantitats més petites al cantó de menys energia del pic i quantitats encara més petites al cantó de més energia.

Quan l'objecte arriba a ser tan calent com el cos humà (37°C), el pic de radiació està a l'infraroig llarg. El cos humà també irradia encara ones de radio, però les longituds d'ona més curtes i més energètiques són sempre les que es detecten més fàcilment i per això són les més importants.

Un cop que la temperatura arriba aproximadament als 600°C, el pic de radiació està en les ones infraroges curtes. Aleshores, la petita quantitat de radiació al costat d'alta energia del pic esdevé particularment significatiu, ja que ateny la regió de la llum visible vermella. D'aquesta manera l'objecte fa claror de color vermell intens.

Aquest vermell només és un percentatge petit de la radiació total, però resulta que la podem veure i per això li prestem tota la nostra atenció i diem que l'objecte és «vermell incandescent».

Amb temperatures encara més elevades, el pic de radiació continua cap a les longituds d'ona més curtes i es desprèn més i més llum visible de longituds d'ona més i més curtes. Tot i que s'irradia més llum vermella, s'afegeixen quantitats petites però significatives de llum taronja i groga. Quan s'arriba a 1.000°C la mescla de colors la percibim com el color taronja, i als 2.000°C la mescla la percibim com el groc. Això no significa que a 1.000°C *només* s'irradiï llum carbassa i només groga a 2.000°C. Si aquest fos el cas realment nosaltres veuríem «calor verda» en seguir. Però el que veiem són mescles de llum.

Quan s'arriba a 6.000°C (la temperatura superficial del nostre Sol), el pic de radiació està en el groc visible i tenim grans quantitats de llum visible de tot el camí del violat al vermell. El rang complet de llum visible impressiona en el nostre ull com el blanc de manera que el Sol és «blanc incandescent».

Per a objectes que encara són més calents que el Sol, totes les longituds d'ona de la llum visible continuen sent irradiades i encara en quantitats majors. El pic de radiació es trasllada cap al blau, tanmateix, de manera que la mescla esdevé desequilibrada per als nostres ulls i el blanc té un matís blavós afegit.

Tot això és per a objectes escalfats que donen un «espectre continu» irradiant llum en una banda ampla de longituds d'ona. Certes substàncies, sota condicions adeqüades només irradiaran llum d'una certa longitud d'ona. El nitrat de bari irradiarà llum verda quan sigui escalfat i és utilitzat en els focs artificials amb aquest propòsit. Si així ho voleu, això és «calor verda».

75. **Què és la llum polaritzada?**

Es pot considerar que la llum està constituïda per ones minúscules, i aquestes ones poden oscil·lar en qualsevol pla. En un feix concret de llum, algunes ones poden estar oscil·lant amunt i avall, algunes de banda a banda i algunes en diverses direccions en diagonal. La direcció d'oscil·lació pot estar distribuïda uniformement per tot el voltant, sense que hi hagi cap pla afavorit o que en proporció tingui més quantitat d'ones de llum. Així és la llum ordinària que prové del Sol o d'una bombeta elèctrica.

Suposem, però, que la llum es propaga a través d'un cristall transparent. El cristall està constituït per diversos àtoms o grups d'àtoms alineats en fileres i capes regulars. Una ona de llum trobaria més fàcil passar a través del cristall si està oscil·lant en un pla que li permet colar-se entre dues capes d'àtoms. Si estigués oscil·lant en un pla que forma un angle amb les anteriors, xocaria amb els àtoms i una part majoritària de la seva energia seria utilitzada per fer-los vibrar. Una llum així seria absorbida parcialment o completament.

(Pot fer-se una idea de com és aquesta llum si s'imagina una corda amb un extrem lligat a un arbre en un pati d'un veí i aguantant l'altre extrem a la mà. Suposi's que aproximadament a la meitat la corda passés entre dues estaques d'una tanca. Si vostè fa ones cap amunt i cap avall, aquestes ones passarien entre les estaques i es propagarien de vostè cap a l'arbre. La tanca seria «transparent» per a aquestes ones. Si vostè fa ones a esquerra i dreta, donarien cops a les estaques i no hi passarien a través).

Alguns cristalls separen tota l'energia de les ones de llum en dos raigs separats. El pla d'oscil·lació ja no està distribuït uniformement. En un dels raigs, totes les ones oscil·len en un pla particular i, en l'altre, oscil·len en un pla que forma angle recte amb el primer. No hi oscil·lacions possibles en diagonal.

Quan les ones de llum són forçades a oscil·lar en un pla particular, aquest tipus de llum es diu que està «planopolaritzada» o senzillament «polaritzada». La llum ordinària que oscil·la en qualsevol direcció és «despolaritzada».

Per què «polaritzada»? Quan el 1908 se li va donar per primera vegada nom al fenomen, l'enginyer francès E.L.Malus, que va inventar el nom, tenia una teoria equivocada sobre la naturalesa de la llum. Ell creia que la llum estava constituïda per partícules amb pols com els d'un imant. Va pensar que la llum emergent del cristall podia tenir tots els pols en una direcció. La teoria es va comprovar que era errònia, però el nom estava massa arrelat per canviar-lo.

Quan un cristall produeix dos raigs de llum, cadascun amb un pla de polarització diferent, els dos tenen d'alguna manera propietats diferents. Poden corbar-se diferents graus en passar a través del cristall. Un cristall pot estar tramat de manera que un raig sigui reflectit i només l'altre hi passi a través.

En el cas d'alguns cristalls, només passa un raig a través seu perquè l'altre és absorbit i convertit en calor. Els vidres polaroids (que tenen cristalls minúsculs d'aquest estil incrustats en plàstic) absorbeixen molta de la llum d'aquesta manera, i n'absorbeixen més a causa del tenyit. D'aquesta manera tallen la llum intensa.

Quan la llum polaritzada passa a través d'una solució

que conté certs tipus de molècules asimètriques, es corba el pla d'oscil·lació. Els químics han estat capaços de fer moltes deduccions sobre l'estructura actual de molècules, particularment les orgàniques, a partir de la direcció i del grau de corbatura. Així la llum polaritzada ha estat enormement important per a la teoria química.

76. **La llum, pot fer força sobre la matèria?**

Un feix de llum conté energia, i quan toca un objecte opac i és absorbit, alguna cosa ha de passar a l'energia. La major part d'ella es converteix en calor; és a dir, les partícules que componen l'objecte opac guanyen l'energia de la llum i comencen a vibrar més de pressa.

Tot i així, pot el raig de llum fer una força directa sobre l'objecte opac? Pot transmetre el seu moviment a l'objecte que l'absorbeix? L'efecte d'un cos amb massa en moviment sobre qualsevol cosa que es posi en el seu camí és clar. Una pilota de bitlles donarà un cop al grup de bitlles i les engega a rodar. Però la llum està constituïda per partícules de massa zero. Poden transferir el seu moviment de totes maneres i exercir una força sobre la matèria?

Cap allà el 1873, el físic escocès J. Clerk Maxwell va estudiar el problema teòricament. Va demostrar que la llum, encara que estigués composta per ones sense massa, faria una força sobre la matèria. La magnitud de la força dependria de l'energia continguda en el feix de llum en moviment *per unitat de longitud.* Aquí hi ha la clau. Suposem que tenim una llanterna que encenem només un segon. La llum que emet en aquest segon conté una energia considerable, però en aquest segon la part de llum emesa en primer lloc s'ha propagat 299.793 quilòmetres. Tota la llum emesa en un segon per aquest llampec lluminós queda repartida al llarg d'un feix d'aquesta longitud i la quantitat d'energia que toca cada metre, o fins i tot cada quilòmetre, és realment minúscula.

Per aquesta raó no notem cap força feta per la llum sobre la matèria en condicions ordinàries.

Suposem, però, que agaféssim una barra lleugera horitzontal amb discs plans a cada extrem i suspenguéssim aquesta barra, pel centre, amb un fil prim de quars. La força més lleugera en un disc, faria rodar la barra sobre el fil de quars. Si un raig de llum brillés en un d'aquests discs, la barra rotaria si aquest feix fés una força.

Naturalment, la força minúscula quedaria emmascarada només que hi hagués una mica de vent que toqués els discs, de manera que tot el sistema s'ha de tancar en una cambra. Fins i tot els cops de les molècules d'aire sobre el disc crearia forces molt més grans que les de la llum, de manera que s'hauria de fer un buit elevat a la cambra. Una vegada s'ha fet això i s'han pres altres precaucions, és possible mesurar el canvi petit en la posició del disc quan s'hi fa brillar un feix fort de llum.

El 1901, dos físics americans, Ernest F. Nichols i Gordon F. Hull,van dur a terme un experiment com aquest al Dartmond College i van demostrar que la llum exercia de veres una força, i tenia exactament el valor que havia predit Maxwell vint anys abans. Gairebé al mateix temps, un físic rus, Peter N. Lebedev, utilitzant un dispositiu una mica més complicat, va comprovar el mateix.

Una vegada va demostrar-se l'existència d'aquesta «pressió de radiació», els astrònoms van estar segurs que explicaria alguna cosa interessant sobre els cometes. La cua d'un cometa sempre apunta en direcció contrària al Sol, onejant darrera el cometa a mesura que s'aproxima al Sol. La cua oneja al voltant a mesura que el cometa es mou al voltant del Sol quan s'hi acosta més. Després, quan el cometa s'allunya del Sol, la cua el precedeix.

Ah! van pensar els astrònoms. La «pressió de radiació»!

Durant mig segle, van creure que era així, però estaven equivocats. La pressió de radiació de la llum solar no és prou forta i és el vent solar el que empeny la cua del cometa lluny del Sol.

77. **La llum vermella és la que canvia menys en passar a través d'un prisma, i la que canvia més en passar a través d'una xarxa de difracció. Per què la diferència?**

La llum pot ser vista com un moviment d'ones, i normalment la llum del Sol és una col·lecció d'ones de diferents longituds. La llum de diferents longituds d'ona produeix efectes diferents a les nostres retines, i aquests són els que ens donen la nostra sensació de color. De les formes de llum visible, la vermella té la longitud d'ona més gran; després la carbassa, groga, verda, blava, i finalment, amb la menor longitud d'ona, la violeta.

Quan la llum passa de l'aire al vidre, a l'aigua, o a un altre medi transparent, s'alenteix. Si un feix de llum s'acosta a un objecte de vidre amb un angle oblicu respecte al recte, la cara dreta del feix, que xoca primer amb el vidre, s'alenteix primer. Per un instant, la cara dreta es mou més lentament mentre que l'esquerra segueix a tota velocitat, i el resultat és que el feix canvia de direcció en entrar en el vidre. Això és la «refracció».

El mateix passaria si una columna de soldats estiguessin caminant obliquament d'una autopista pavimentada a un camp llaurat. Els soldats que estiguessin a la banda de la columna que dóna al camp hi arribarien primer i s'alentirien primer, i a no ser que es fes un esforç conscient per prevenir-ho, la columna canviaria la seva direcció en entrar al camp.

L'efecte alentidor del camp es produeix per la dificultat d'empènyer la cama en el terra tou. Un cop està lliure, la cama es mou a través de l'aire tan de pressa si va pel camp com si va per l'autopista. Això vol dir que un soldat que tingui les cames llargues, fa menys contactes amb el terra en una distància donada gràcies al seu pas llarg, que un soldat que tingui les cames curtes, s'alenteix menys. Una columna de soldats amb les cames llargues canviaria menys la seva direcció de marxa que una columna de soldats amb les cames curtes.

L'ona llarga de la llum vermella és similar, en aquest aspecte, a un soldat de cames llargues. S'alenteix menys que qualsevol altre tipus de llum visible i, per tant, és menys refractat. La llum violeta, naturalment, és la més refractada.

La difracció involucra un principi completament diferent. Una ona en moure's pot passar lliurement al voltant d'un obstacle que no sigui més gran que la seva longitud d'ona. Com més llarg sigui l'obstacle, menys lliurement pot moure's al voltant d'ell.

Les longituds d'ona de la llum són tan petites (aproximadament 1/20.000 de centímetre) que la llum no es corba de manera perceptible amb les obstruccions ordinàries sinó que segueix en línia recta, les passa i produeix ombres ben definides. (Les ones del so, que tenen una naturalesa completament diferent de les de la llum, són molt més llargues. Per això s'hi pot sentir a l'altre costat d'una cantonada, però no s'hi pot veure, si més no, no es pot sense miralls).

Una xarxa de difracció consisteix en un gran número de línies opaques primes, totes elles dibuixades paral·leles sobre un fons transparent. Les línies opaques són prou primes perquè fins i tot encara que les ones de llum més diminutes en passar a través de les regions transparents properes, puguin fer una mica de volta al seu voltant. Això és la «difracció».

Pot veure's clarament que com més gran sigui la longitud d'ona de la llum, més petita serà l'obstrucció de les línies opaques i tant més lluny podrà arribar la llum que passi al seu voltant. La llum vermella, d'ona llarga, és la que pot arribar més lluny en passar pel voltant de les línies opaques, per això és la que és més difractada. Naturalment, la llum violeta és la que és menys difractada.

Tant un prisma de refracció com una xarxa de difracció

engraellada produiran un «arc de Sant Martí» o «espectre». Un espectre és, tanmateix, la inversa de l'altre. Si es llegeix cap enfora la línia original de direcció de la llum, l'espectre de refracció és: vermell, carbassa, groc, verd, blau i violeta. L'espectre de difracció és: violeta, blau, verd, groc, carbassa, vermell.

78. **Què passa amb l'energia quan dos feixos de llum interfereixen i es produeix foscor?**

Un feix de llum pot pensar-se que consisteix en un tren d'ones. Si dos feixos de llum es troben amb un angle petit, és possible que les ones d'un puguin trobar les ones de l'altre de manera que una ona vagi amunt exactament on l'altra va avall, i viceversa. Les dues ones interfereixen i s'anul·len parcialment, o potser del tot. El resultat és que una combinació de dues ones pot, d'aquesta manera, produir una llum menys intensa que la que produiria qualsevol ona sola.

Però cada conjunt d'ones representa una certa quantitat d'energia. Si una ona anul·la l'altra, produint foscor a on abans hi havia llum, vol dir que ha desaparegut l'energia?

De cap manera! Una de les regles fonamentals de la física és que l'energia no *pot* deixar d'existir. És la «llei de conservació de l'energia». En la interferència, part de l'energia ha deixat d'existir *en forma de llum*. Una quantitat exactament igual d'energia ha d'aparèixer sota alguna altra forma.

La forma d'energia menys organitzada és la del moviment a l'atzar de les partícules constituents de la matèria, i a aquesta forma l'anomenem «calor». L'energia tendeix a perdre organització quan canvia de forma. De manera que quan l'energia sembla desaparèixer el millor és buscar calor, ja que les molècules es mouen a l'atzar a velocitats més grans que abans.

Això és cert en el cas de la interferència de la llum. En teoria, es poden fer interferir perfectament dos feixos de llum. En incidir sobre una pantalla la deixaran completament fosca. No obstant això, en aquest cas, la pantalla guanyarà calor. L'energia no ha desaparegut, només ha canviat de forma.

Un problema similar és el següent. Suposem que es dóna corda molt fort a la molla d'un rellotge. Ara conté més energia que quan estava distès. Suposem, llavors, que dissolem la molla amb la corda donada, en àcid. Què li passa a l'energia?

Un altre cop s'ha transformat en calor. Si es comença amb dues solucions d'àcid a la mateixa temperatura i en una es dissol una molla sense corda i a l'altra una molla a la qual s'ha donat corda (idèntiques en la resta), la segona dissolució estarà més calenta que la primera.

No va ser fins al 1847 que es va entendre la llei de la conservació de l'energia, quan els físics van comprendre completament la naturalesa de la calor.

Des de llavors, en tenir en compte aquesta llei, s'ha assolit un enteniment nou de fenòmens bàsics. Per exemple, a les transformacions radiactives es produeix més calor que la que pot explicar-se amb els càlculs físics del segle dinou. El problema va solucionar-se quan Albert Einstein va elaborar la seva famosa equació e = mc2, demostrant que la pròpia matèria era una forma d'energia.

A més a més, en algunes transformacions radiactives, es produeixen electrons amb massa poca energia. Més que admetre una violació de la llei de conservació de l'energia, Wolfgang Pauli, el 1931, va suggerir que també es produïa una altra partícula, el neutrí, que portava l'energia restant. I tenia raó.

79. **Què és l'efecte de Coriolis?**

Si un objecte està parat o es mou a velocitat constant en relació a un punt fix, llavors no hi ha problema en el seu moviment. Si es vol anar del punt A, a un extrem, al punt B, a l'altre, en línia recta, es pot fer sense experimentar cap dificultat en el procés.

Si, tanmateix, les diferents parts d'un objecte es mouen a velocitats diferents, la situació és força diferent. Considerem un carrussell, o qualsevol objecte gros pla donant voltes sobre el seu centre. L'objecte dóna voltes tot plegat, però un punt a prop del centre descriu un cercle més petit i es mou més lentament, mentre que un punt pròxim a l'exterior descriu un cercle més gran i per tant es mou més ràpid.

Suposi que vostè fos a un punt a prop del centre i volgués caminar cap enfora a un punt pròxim a la part externa, anant des del centre en línia recta. Al seu punt de partida a prop del centre, vostè comença amb la velocitat d'aquest punt i es mou a poc a poc. A mesura que va cap enfora, l'efecte d'inèrcia el fa moure's més lentament, però el terra que té sota els peus es mou més i més de pressa, més ràpid com més camini cap a l'exterior. La combinació de la seva lentitud i la rapidesa del terra fa que vostè se senti empès en el sentit oposat al del moviment de rotació. Si el carrussell es mou en sentit oposat al de les agulles del rellotge, vostè trobarà que el seu camí es corba més i més en el sentit de les agulles del rellotge a mesura que es mou cap enfora.

Si vostè comença a un punt que és a prop de l'extrem exterior i va cap endins, vostè reté el moviment ràpid amb del seu punt inicial, però el terra sota seu va més i més lent. D'aquesta manera vostè se sent empès més i més en la direcció de la rotació. Si el carrussell es mou en el sentit oposat al de les agulles del rellotge, vostè torna a fer una corba més i més tancada en el sentit de les agulles del rellotge.

Si comença en un punt a prop del centre, va cap a un punt a prop de l'extrem extern, i després torna a un punt a prop del centre, i segueix el camí de resistència menor, trobarà que ha agafat un camí aproximadament circular.

Aquest fenomen va ser estudiat per primera vegada el 1835 per un físic francès, Gaspard de Coriolis, i per això s'anomena l' «efecte de Coriolis». A vegades s'anomena la «força de Coriolis», però en realitat no és una força; és senzillament el resultat de la inèrcia.

La conseqüència més important de l'efecte de Coriolis en les activitats quotidianes està relacionada amb la rotació de la Terra. Un punt de la superfície de la Terra a l'Equador descriu un cercle gros en vint-i-quatre hores i per tant es mou ràpid. Com més lluny anem cap al Nord (o cap al Sud) des de l'Equador, més petit és el cercle descrit per un punt de la superfície en un dia i es mou més lentament.

Un vent, o un corrent oceànic, que vagi cap al nord des dels tròpics, al principi es mou molt ràpidament de l'oest cap a l'est, amb la rotació de la Terra. A mesura que es desplaça cap al Nord, manté la seva velocitat, però la superfície de la Terra es mou a un ritme més i més lent, de manera que el vent o el corrent s'avança i comença a corbar-se cap a l'est més i més. Al final, els vents i els corrents es mouen en grans cercles —en el sentit de les agulles del rellotge a l'hemisferi nord i en el contrari a l'hemisferi sud.

L'efecte de Coriolis és el que comença el moviment circular que, quan es concentra fortament (i per tant és més energètic), produeix un huracà o, si encara és més fort i energètic, un tornado.

80. El so es propaga més de pressa en les substàncies denses com l'aigua o l'acer que en l'aire; encara que es propaga més de pressa en l'aire calent que en l'aire fred, i l'aire calent és menys dens que l'aire fred. És una paradoxa, això?

Allò que la nostra oïda detecta com a so està causat per una vibració que produeix un moviment oscil·latori en els àtoms i molècules que constitueixen el medi en el qual es propaga el so. La vibració empeny les molècules pròximes, i les comprimeix. Les molècules comprimides es mouen i així provoquen una compressió a la zona veïna, de manera que l'àrea de compressió sembla que viatgi cap enfora de la font del so. La velocitat amb què l'ona de compressió s'allunya de la font és la velocitat del so en aquell medi.

La velocitat del so depèn de la velocitat natural amb què es mouen les molècules que componen una substància. Una vegada que una secció particular d'aire, per exemple, és comprimida, les molècules se separen un altre cop a causa dels seus moviments naturals a l'atzar. Si el seu moviment aleatori és ràpid, les molècules de la secció comprimida se separaran ràpidament i comprimiran les molècules de la secció veïna ràpidament. La secció veïna també se separa ràpidament i comprimeix ràpidament la secció següent. Llavors, en conjunt l'ona de compressió es propaga cap enfora ràpidament i per tant la velocitat del so és elevada.

Qualsevol cosa que incrementi (o disminueixi) la velocitat natural de les molècules d'aire incrementarà (o disminuirà) la velocitat del so en l'aire.

Com que passa això, les molècules d'aire es mouen més ràpidament a temperatures méselevades que a temperatures més baixes. Per aquesta raó el so es propaga més ràpidament en l'aire calent que en el fred. Aquest fet no té res a veure amb la densitat.

A 0° C, la temperatura de congelació de l'aigua, el so es propaga a 1.195 quilòmetres per hora. Aquesta velocitat s'incrementa en uns 2 quilòmetres per hora amb cada grau centígrad que augmenti la temperatura.

Generalment, els gasos constituïts per partícules més lleugeres que les de l'aire són menys densos que l'aire. Les molècules més lleugeres també es mouen més ràpidament. La velocitat del so en aquests gasos lleugers és major que en l'aire, no a causa de cap canvi de densitat, sinó a causa del moviment ràpid de les molècules. El so es propaga a 4.667 quilòmetres per hora en l'hidrogen a 0° C.

Quan anem a líquids i sòlids, la situació és força diferent de la dels gasos. En els gasos, les molècules estan molt separades i interfereixen escassament les unes amb les altres. Si les molècules són empeses totes juntes, es mouen més lluny a causa només de moviments a l'atzar. Als líquids i sòlids, tot i així, els àtoms i les molècules estan en contacte. Si són empesos a estar junts, les seves forces de repulsió els separaran un altre cop molt ràpidament.

Això és veritat especialment per als sòlids, en els quals els àtoms i les molècules s'aguanten al seu lloc d'una manera més o menys rígida. Com més rígidament estiguin aguantats, més ràpidament salten enrera quan se'ls empeny a estar junts. Per aquesta raó, el so es propaga més ràpidament en els líquids que en els gasos; i encara més ràpidament en els sòlids rígids. La densitat no n'és la raó bàsica.

D'aquesta manera, el so es propaga a través de l'aigua a una velocitat d'uns 5.300 quilòmetres per hora i en l'acer aproximadament a 17.700 quilòmetres/hora.

81. Els vaixells, s'enfonsen del tot fins al fons del mar, o arriba un punt que la pressió els para i no poden anar més avall?

Un objecte s'enfonsarà en aigua si és més dens que l'aigua. La densitat de l'aigua és d'un gram per centímetre cúbic, i les substàncies com la pedra o els metalls són considerablement més densos que l'aigua. Els vaixells construïts amb grans masses d'acer floten perquè al seu interior hi ha grans volums d'aire. La densitat mitjana de l'acer i els altres materials de construcció, i del volum d'aire dins del vaixell, és menor que la de l'aigua. Si per algun accident pot entrar aigua al vaixell, la densitat mitjana del material amb el qual està construït més l'aigua que conté és més gran que la de l'aigua sola i el vaixell s'enfonsa.

A mesura que s'enfonsa, l'objecte està sotmès a pressions més i més elevades. A la superfície de l'oceà, la pressió (deguda a l'atmosfera) és el pes de 1.034 grams per centímetre quadrat. Deu metres més avall a aquell pes s'hi ha d'afegir el de la columna d'aigua de 1.034 grams per centímetre quadrat. Cada vegada que ens enfonsem deu metres s'afegeix aquesta quantitat a la pressió, i al lloc de l'oceà més profund que es coneix, la pressió és aproximadament 1.100 vegades l'atmosfèrica. Això equival a més del pes d'una tona per centímetre quadrat.

Aquestes pressions tan elevades no tenen cap mena d'efecte per «detenir» els objectes que s'enfonsen. La pressió és exercida igualment en totes direccions, cap avall, cap als costats i cap amunt, de manera que l'objecte continua enfonsant-se sense tenir consciència de cap augment de la pressió.

Però aquí hi ha un altre factor. La pressió comprimirà l'aigua, incrementant-ne la densitat. Pot ser que l'aigua esdevingui tan densa com a resultat d'una gran pressió que els objectes parin d'enfonsar-s'hi i flotin a l'aigua més densa del fons del mar?

No! L'efecte de compressió és molt petit. Fins i tot amb una pressió del pes d'una tona per centímetre quadrat, la densitat de l'aigua només augmenta d'1,00 a aproximadament 1,05 grams per centímetre cúbic. Si un sòlid tingués una densitat de 1,02 grams per centímetre cúbic, s'enfonsaria sota la superfície de l'aigua i arribaria a un lloc on flotaria aproximadament a uns cinc quilòmetres de profunditat, llavors no s'enfonsaria més. No obstant això, els materials estructurals ordinaris, tenen densitats considerablement més elevades que 1,05. L'alumini i l'acer tenen densitats de 2,7 i 7,8 grams per centímetre cúbic respectivament. Els vaixells de metall s'enfonsarien fins al fons de l'abisme oceànic més profund sense la més mínima possibilitat de flotar.

Però suposem que l'oceà encara fos més profund. Arribaria el moment en què una barra d'alumini, per exemple, assoliria una profunditat màxima? La resposta encara és No!

Si els oceans tinguessin una profunditat de 67 quilòmetres (en comptes d'11 com a màxim) la pressió al seu fons arribaria al pes d'unes vint-i-tres tones per centímetre quadrat i la densitat de l'aigua aproximadament a 1,3 grams per centímetre cúbic. En aquest punt, tanmateix l'aigua no romandria líquida sinó que es convertiria en una substància anomenada «gel VI» (el gel VI és més dens que l'aigua, mentre que el gel I —gel comú— és menys dens que l'aigua).

D'aquesta manera l'alumini, i qualsevol altra substància amb una densitat més gran que 1,3 grams per centímetre cúbic, continuaria caient a través de qualsevol oceà profund fins que l'aigua de l'oceà fos líquida i a la llarga es pararia sobre una superfície sòlida d'un fons oceànic de gel VI. L'aigua líquida mai no arribaria a ser prou densa per fer flotar l'alumini sòlid, i molt menys l'acer.

82. **Quins són els elements químics més actius i per què?**

Els electrons que envolten el nucli d'un àtom estan situats en una sèrie de «nivells» energètics al voltant del nucli. Per a cada element hi ha un nombre fix d'electrons a cada nivell. La distribució és particularment estable quan hi ha vuit electrons al nivell més extern.

Suposem, però, que un element té tants electrons que quan n'hi ha vuit situats a un dels nivells externs, queden pocs electrons més que s'han de col·locar per si mateixos en un nivell encara més llunyà. Aquests pocs electrons més externs (carregats negativament) només són atrets molt feblement pel nucli atòmic carregat positivament en el centre de l'àtom. Els electrons externs són fàcilment cedits a altres àtoms de manera que el que es queda a l'àtom tingui la distribució estable de vuit electrons al nivell més extern.

Les reaccions químiques comporten el transferiment d'electrons, de manera que a un element que pugui perdre un o més electrons fàcilment no li costarà prendre part en aquestes reaccions i és «actiu químicament». Generalment, com més petit és el nombre d'electrons per damunt de vuit, més fàcilment són transferits i més actiu és l'element. D'aquesta manera els elements més actius són aquells que només tenen un electró més per damunt de vuit —aquells en els quals l'electró està sol al nivell més extern.

Exemples d'aquests elements els tenim en el sodi, amb una distribució electrònica en tres nivells (2, 8, 1), i el potassi, amb una distribució electrònica en quatre nivells (2, 8, 8, 1).

Els nivells més interns d'electrons tendeixen a aïllar aquest electró solitari del nucli carregat positivament. Com més nivells hi hagi entremig, més feble és l'atracció del nucli sobre l'electró extern i més fàcil li és a l'àtom transferir-lo. Així, el potassi és més actiu que el sodi, i el cesi (2, 8, 18, 18, 8, 1) encara és més actiu.

El franci (2, 8, 18, 32, 18, 8,1) encara seria més actiu, però només poden estudiar-se a la vegada uns pocs àtoms d'aquest element. Fins i tot el seu isòtop més estable només té una semivida de vint-i-un minuts. Per això el cesi és l'element metàl·lic *estable* més actiu.

Suposem, ara, que a un element li faltin molt pocs electrons per constituir una capa externa de vuit. Aquests àtoms tenen tendència a acceptar diversos electrons per fer el vuit necessari. D'aquesta manera prenen part en reaccions químiques i són actius.

Generalment, com menor és el nombre d'electrons que es requereixen per constituir els vuit, més gran és la tendència a acceptar electrons. Els elements més actius d'aquest tipus són doncs aquells els àtoms dels quals tenen set electrons al nivell més extern, i només necessiten *un* electró per tenir-ne vuit.

Exemples d'aquests elements són el clor, els àtoms del qual tenen una distribució electrònica de 2, 8, 7, i el brom, amb 2, 8, 18, 7.

En el cas d'aquests elements, com més forta sigui l'atracció del nucli, més gran serà la tendència a atreure aquest electró que falta. Com més petit sigui el nombre de nivell interns d'electrons, menor és l'aïllament que hi ha respecte al nucli, més forta és l'atracció del nucli, i més actiu és l'element.

Dels elements d'aquest tipus, el que té un nombre menor d'electrons és el fluor, amb una distribució electrònica de 2,7. Així el fluor és l'element no metàl·lic més actiu.

83. **Què tenen de noble els gasos nobles?**

Els elements que reaccionen amb dificultat o no reaccionen gens amb els altres elements s'anomenen «inerts». El nitrogen i el platí són exemples d'elements inerts.

A l'última dècada del segle passat, van descobrir-se un nombre de gasos a l'atmosfera que no semblava que prenguessin part a cap reacció química. Aquests gasos nous —heli, neó, argó, criptó, xenó i radó— són més inerts que qualsevol altre element i se'ls agrupa tots junts com els «gasos inerts».

Els elements inerts a vegades s'anomenen «nobles» perquè no reaccionen amb altres elements i això sembla que sigui un cert tipus d'arrogància aristocràtica per part seva. L'or i el platí són exemples de «metalls nobles», i per aquesta raó els gasos inerts a vegades eren anomenats «gasos nobles». Fins al 1962, la manera corrent d'anomenar-los era «gasos inerts», potser perquè «gas noble» semblava inadequat a les societats democràtiques.

La raó del perquè els gasos inerts són inerts rau en el fet que el nombre d'electrons que cadascun d'ells té estan distribuïts en nivells, de manera que cada nivell en té un nombre estable concret. En particular, el nivell extern té vuit electrons. Així, la distribució electrònica en el neó és 2,8; i en l'argó és 2, 8, 8. Afegir o treure electrons trenca aquesta distribució estable i per tant no tenen lloc canvis en els electrons. Això significa que les reaccions químiques no tenen lloc i que els elements són inerts. L'extensió de la inactivitat, tanmateix, depèn de la força amb la qual el nucli carregat positivament al centre de l'àtom atregui els vuit electrons del nivell més extern. Com més nivells d'electrons hi hagi entre el més extern i el centre, més feble serà l'atracció del nucli central.

Això significa que el gas inert més complicat és també el menys inert. El gas inert amb l'àtom més complicat és el radó. Els seus àtoms tenen una distribució electrònica de 2, 8, 18, 32, 18, 8. El radó, tanmateix, només està constituït per isòtops radiactius, de manera que és un element difícil per dur-hi a terme experiments químics. El següent gas inert més complicat és el xenó, que és estable. Els seus àtoms tenen una distribució electrònica de 2, 8, 18, 18, 8.

Els electrons més externs dels àtoms de xenó i de radó són prou lluny del nucli per no ser atrets d'una manera suficientment forta. Seran cedits en presència d'àtoms que tinguin una tendència particularment forta per atreure electrons. L'àtom que té més tendència a atreure electrons és el fluor, i el 1962 el químic canadenc Neil Bartlett, va trobar que era possible formar compostos de xenó i fluor.

Des de llavors, també s'han format compostos de radó i de criptó. Per això, als químics ja no els agrada utilitzar la frase «gasos inerts» perquè no són *totalment* inerts. Actualment la frase «gasos nobles» ha esdevingut comuna, i hi ha tota una nova branca de la química que tracta dels «compostos dels gasos nobles».

Com més petits són els gasos nobles, naturalment són més inerts, i no s'ha trobat res que els pugui arrencar electrons. L'argó, amb la distribució electrònica 2, 8, 8 als seus àtoms, i el neó, amb 2, 8 encara són completament inerts. I el més inert de tots és l'heli, els àtoms del qual contenen un sol nivell amb dos electrons (que és el màxim que pot haver-hi en aquest primer nivell).

84. **Per què es formen els cristalls i per què sempre ho fan sota una certa forma?**

Sota condicions ordinàries hi ha tres estats de la matèria: gasós, líquid i sòlid. En els gasos, l'energia dels àtoms o molècules (normalment) constituents és tan elevada, o l'atracció entre molècules separades és tan baixa (o les dues coses), que les diverses molècules es mouen independentment.

Si l'energia disminueix fins a un cert punt, les molècules no poden continuar independents sinó que han d'establir contacte. Encara hi ha energia suficient, tanmateix, perquè les molècules puguin moure's de lloc, lliscant i passant entre elles. Aquestes substàncies són els líquids.

Si l'energia encara disminueix més, les molècules separades ja no poden lliscar ni passar entre elles sinó que romanen fixes amb una certa orientació (tot i així poden vibrar, i ho fan, endavant i endarrera sobre les seves posicions fixes). Ara la substància és un sòlid.

En un sòlid, dues molècules veïnes (o àtoms, o ions) no ocupen qualsevol posició. Adquireixen una distribució regular que depèn de la proporció entre les partícules constituents, de les diferències de mida que puguin existir, de quina és la pressió externa, etcètera. En el clorur de sodi, els ions sodi i els ions clorur són iguals en nombre i no són gaire diferents de mida. En el fluorur de cesi, els ions cesi i els ions fluorur són iguals en nombre, però el ió cesi és el més gros dels dos amb diferència. En el clorur de magnesi, els ions magnesi i els ions clorur no tenen una mida gaire diferent però hi ha el doble d'ions clorur que ions magnesi. Per això, d'una manera força natural, cada compost s'empaqueta diferent.

Si es té una peça visible de matèria constituïda per àtoms, ions o molècules distribuïts d'una manera ordenada, aquesta peça visible tindrà superfícies llises que es tallen amb angles determinats. (Això és igual que en una formació armada vista des de l'aire. No poden veure's els soldats individualment, però si estan ben distribuïts pot veure's que l'escamot té la forma d'un rectangle, per exemple). La forma total de la peça que pot veure's (o «cristall») depèn de la distribució atòmica. Per a qualsevol substància donada sota un plec de condicions donat, es fixa la distribució atòmica i d'aquesta manera el cristall sempre té una forma donada.

Les substàncies sòlides són gairebé sempre cristal·lines

per naturalesa, encara que no ho semblin. Per formar un cristall perfecte, és millor començar amb una substància pura en dissolució (de manera que no hi hagi àtoms estranys que s'hi moguin i pertorbin la distribució). La dissolució s'hauria de refredar lentament per donar temps als àtoms a posar-se en ordre. A la natura, sempre tenim mescles de substàncies de manera que al final tenim diferents tipus de cristalls que s'empenten i estan atapeïts. Encara més, si el refredament és ràpid han començat a formar-se tants cristalls que cap d'ells té la possibilitat de créixer més que una mida microscòpica, i cadascun d'ells està orientat de la seva manera i per tant no hi ha una forma donada.

Resulta que a la natura només rarament veiem cristalls grossos i clars. Normalment hem de tractar amb peces irregulars de material constituït per cristalls microscòpics que nosaltres no podem percebre.

Hi ha algunes substàncies sòlides que no són cristal·lines i per tant no són realment sòlids. El vidre n'és un exemple. El vidre líquid és molt viscós, de manera que per als ions és difícil moure's i assolir una distribució ordenada. A mesura que el vidre es refreda, els ions es mouen més i més lentament i finalment paren tots de moure's, quedant-se indefinidament en les posicions que tenen, siguin quines siguin.

Sota aquestes condicions no hi ha distribució regular, de manera que el vidre «sòlid» realment és un «líquid subrefredat». El vidre pot ser dur i semblar sòlid, però no té estructura cristal·lina i (el que és realment decisiu) no té un punt de fussió definit. De manera que el vidre «sòlid» s'estova gradualment quan se l'escalfa.

85. **Pot comprimir-se l'aigua?**

La resposta més simple a aquesta pregunta és que *tot* es pot comprimir.

La veritat és que és molt més fàcil comprimir matèria en estat gasós que en qualsevol altre estat. Això és degut al fet que els gasos estan constituïts per molècules que estan molt separades les unes de les altres. A l'aire ordinari, per exemple, les seves molècules ocupen aproximadament una dècima part del percentatge del volum total.

En comprimir un gas, només hem d'empènyer les molècules perquè estiguin més a prop les unes de les altres en contra de la tendència expansiva del seu moviment a l'atzar, i comprimir part de l'espai buit entre les molècules. Això pot fer-se fàcilment amb esforç muscular humà. Quan s'infla un globus, per exemple, s'està comprimint aire.

En el cas dels líquids i els sòlids, els àtoms i molècules que els componen pràcticament es toquen, i si encara no estan més junts és a causa de la repulsió mútua dels electrons situats a les seves regions externes. Aquesta representa una resistència molt més forta a la compressió que la del moviment molecular d'un gas.

Això significa que els músculs humans no poden fer la feina, com a mínim d'una manera apreciable.

Suposem que s'aboca una quantitat d'aigua en un recipient rígid obert per dalt i s'ajusta un pistó impermeable a l'obertura de manera que toqui l'aigua. Si s'empeny el pistó cap avall tot el que es pugui, es notarà que no es mou apreciablement. Per aquesta raó, normalment s'afirma que l'aigua és «incompressible» i no pot ser comprimida en un volum més petit.

No és així. Es comprimeix l'aigua en empènyer el pistó, però no prou per mesurar-ho. Si la pressió es fa molt més gran que la que poden dur a terme els músculs humans, la disminució de volum de l'aigua, o de qualsevol altre líquid o sòlid, és prou grossa per ser mesurada. Per exemple, si 100 litres d'aigua es comprimeixen amb una pressió igual al pes de 1.050 quilograms per centímetre quadrat, el seu volum s'encongirà fins a 96 litres. A mesura que la pressió augmenta més, el volum encara s'encongeix més. En una compressió tal, els electrons, per dir-ho així, són empesos més i més a prop del nucli.

Si la pressió arriba a ser prou gran, per exemple el pes total de molts milers de quilòmetres de matèria sota una gran força gravitatòria, la repulsió electrostàtica els descompon. Els electrons no poden mantenir-se en òrbita al voltant del nucli i són empesos fora. Llavors la matèria consisteix en nuclis atòmics nus amb electrons que voleien per aquí i per allà movent-se a l'atzar.

Els nuclis són molt més diminuts que els àtoms, i per tant aquesta «matèria degenerada» és també majoritàriament espai buit. La pressió al centre de la Terra o fins i tot de Júpiter no és prou gran per formar matèria degenerada, però al centre del Sol sí que n'hi ha.

Una estrella constituïda totalment per matèria degenerada pot tenir la mateixa massa que el Sol però un volum no major que el de la Terra. És una «nana blanca». Pot comprimir-se encara més a causa de la seva pròpia gravetat, fins que queda composta per neutrons que es toquen. Una «estrella de neutrons» com aquesta pot tenir tota la massa del Sol comprimida en una esfera de 13 quilòmetres de diàmetre.

I els astrònoms creuen que aquesta també pot comprimir-se fins al volum zero d'un «forat negre».

86. **Què és l'hidrogen metàl·lic? Com pot ser un metall, l'hidrogen?**

Tots nosaltres reconeixem un metall quan el veiem perquè els metalls tenen propietats poc corrents. Quan són llisos, reflecteixen la llum amb una gran eficàcia, de manera que tenen una «lluentor metàl·lica», mentre que els no-metalls no són gaire reflectors i tenen «color mat». Els metalls són fàcils de deformar, poden estendre's en làmines i estirar-se en fils, mentre que els no-metalls són fràgils i es fan miques si se'ls copeja. Els metalls condueixen fàcilment la calor i l'electricitat; els no-metalls no.

Per què aquestes diferències?

En els compostos més comuns, com els que veiem al nostre voltant als oceans i en el sòl, les molècules estan constituïdes per àtoms mantinguts junts fermament per un compartiment mutu d'electrons. Cada electró present està unit fortament a un àtom o altre. Quan passa això, la substància exhibeix propietats no-metàl·liques.

Segons aquest criteri, l'hidrogen és un no-metall. L'hidrogen comú consta de molècules constituïdes per dos àtoms d'hidrogen. Cada àtom d'hidrogen té un sol electró i els dos àtoms que formen la molècula comparteixen uniformement els dos electrons. No hi ha electrons lliures.

Què passa quan alguns electrons no *estan* agafats fermament? Considerem l'element potassi, per exemple. Cada àtom de potassi té dinou electrons, distribuïts en quatre nivells. Només poden compartir-se els electrons del nivell més extern, i en el cas de l'àtom de potassi això vol dir que només té un electró per compartir amb un veí. A més a més, aquest electró més extern està particularment poc agafat, ja que entre ell i el nucli atòmic central que l'atreu, hi ha altres nivells d'electrons. Aquests nivells intermedis aïllen l'electró més extern de l'atracció central.

En el potassi sòlid, els àtoms s'empaqueten junts com les piràmides de taronges que a vegades es veuen a les tendes de fruita. Cada àtom de potassi concret té vuit veïns. Amb l'electró extern tan poc atret i amb tants àtoms veïns tan a prop, és fàcil per a qualsevol d'aquests electrons externs lliscar de veí en veí.

Són aquests electrons lliures i mòbils els que fan possible que els àtoms de potassi s'empaquetin tan a prop entre ells; els que fan possible que el potassi condueixi la calor i l'electricitat fàcilment; els que fan possible que es pugui deformar. En resum, aquests electrons lliures i mòbils fan que el potassi (i altre elements i mescles que en tenen) sigui metàl·lic.

Recordem ara que l'hidrogen, com el potassi, només té un electró per compartir amb els seus veïns. Tanmateix hi ha una diferència. No hi ha electrons aïllats entre un (i únic) electró d'un àtom d'hidrogen i el nucli central. D'aquesta manera l'electró està atret una mica massa fortament per ser suficientment mòbil per convertir l'hidrogen en un metall o forçar els seus àtoms a empaquetar-se molt junts.

Però què passa si s'ajuda l'hidrogen? Què passa si se'l força a empaquetar-se fortament no per la seva pròpia situació electrònica sinó per una pressió externa? Suposem que hi ha prou pressió per comprimir els àtoms d'hidrogen tan fortament i fer que cada àtom estigui envoltat per vuit, deu o fins i tot dotze veïns pròxims. L'electró de cada àtom d'hidrogen llavors podria, a pesar de l'atracció enormement forta del nucli, començar a passar de veí a veí. Llavors es tindria «hidrogen metàl·lic».

Per tal de forçar l'hidrogen a empaquetar-se tant, ha d'estar present en un estat pràcticament pur (la presència d'altres tipus d'àtoms interferiria) i a una temperatura no gaire elevada (una temperatura elevada provocaria l'expansió). També ha d'estar sotmès a pressions enormes. L'únic lloc del Sistema Solar on es produeixen més aproximadament aquestes condicions és al centre de Júpiter, i per això hi ha gent que creu que l'interior d'aquest planeta pot estar format per hidrogen metàl·lic.

87. Què és aquesta «poliaigua» que se sent anomenar? També és H_2O, així doncs què és el que la fa diferent?

Una molècula d'aigua normalment es descriu com la constituïda per dos àtoms d'hidrogen i un d'oxigen - H_2O. Si fos això l'únic que tingués, seria una molècula petita amb un punt d'ebullició baix. El sulfur d'hidrogen (H_2S), que té una molècula similar, però més pesada (perquè l'S és més pesant que l' O) és un gas que liqua només a -61,8°C. L'aigua, si fos només H_2O, liquaria a una temperatura encara menor, potser al voltant de -80°C.

Però tinguem en compte la forma de les molècules d'aigua. Els tres àtoms formen gairebé un angle recte, amb l'àtom d'oxigen al vèrtex. L'oxigen comparteix dos electrons amb cadascun dels dos àtoms d'hidrogen, però aquesta compartició no és l'única. L'oxigen atreu més fortament els electrons, de manera que els electrons, amb la seva càrrega elèctrica negativa, estan situats més a prop del lloc on hi ha l'oxigen a la molècula. Això vol dir que tot i que la molècula d'aigua és elèctricament neutra en conjunt, el cantó de la molècula on hi ha l'oxigen té una petita càrrega negativa, i els dos àtoms d'hidrogen, petites càrregues positives per equilibrar.

Les càrregues oposades s'atreuen. Llavors entre dues molècules d'aigua veïnes es dóna una tendència a alinear-se de manera que l'extrem negatiu de l'oxigen quedi adjacent a l'extrem positiu de l'hidrogen de la molècula següent. Així es forma un «enllaç d'hidrogen» que té una força de només una vint-i-unena part de la força que manté units l'hidrogen i l'oxigen a la molècula. Aquest enllaç és suficient per fer que les molècules d'aigua siguin «enganxoses».

A causa d'aquesta enganxositat, les molècules d'aigua s'ajunten més fàcilment i se separen més difícilment de com ho farien. Es necessita escalfar l'aigua a 100°C per

superar l'enganxositat i fer-la bullir. Si la temperatura cau fins a 0°C, la prevalència d'enllaços d'hidrogen és tal que les molècules d'aigua es queden fixes al seu lloc i es forma el gel. Si no hi haguessin els enllaços d'hidrogen, la temperatura hauria de ser molt més freda perquè això passés.

No passa el mateix amb una molècula com l'H_2S, per exemple, perquè l'àtom de sofre i el d'hidrogen fan aproximadament la mateixa atracció sobre els electrons. No hi ha una acumulació de càrrega ni a una banda ni a l'altra de la molècula i, per tant, no hi ha «enganxositat».

Llavors, suposem que les molècules d'aigua estiguessin en allotjaments molt restringits —per exemple en un tub de vidre extremadament prim. Llavors s'haurien d'apilar les unes contra les altres aproximant-se més del normal. L'àtom d'oxigen d'una molècula estaria obligat a estar extraordinàriament a prop de l'àtom d'hidrogen d'una molècula veïna, tan a prop que l'enllaç d'hidrogen es fa tan fort com un enllaç ordinari. Les dues molècules n'esdevenen una. Una altra molècula podria enganxar-se a aquesta molècula doble, i encara una altra i una altra.

Al final poden haver-hi moltes molècules totes elles enganxades fortament, amb tots els hidrògens i oxígens formant distribucions hexagonals regulars. La substància múltiple que en resulta és un exemple d'un «polímer». És «aigua polimeritzada» o, abreujat, «poliaigua». Per poder disgregar aquesta substància (descrita per primera vegada el 1965 per químics soviètics) en molècules separades de vapor d'aigua, H_2O, primer s'ha d'escalfar aproximadament a 500°C. A més a més, com que les molècules s'atreuen molt més fortament que a l'aigua ordinària, la poliaigua té una densitat que és 1,5 vegades la de l'aigua ordinària.

Tot i així, la noció de poliaigua no ha estat acceptada majoritàriament. Molts químics creuen que el que ha estat anomenat poliaigua realment és aigua que ha agafat

algunes impureses, o en la qual s'ha dissolt gel. Si fos així, després de tot la poliaigua no existiria.

88. **Per què l'aigua es dilata en congelar-se?**

Primer podríem preguntar: Per què és sòlid un sòlid? I per què és líquid un líquid?

Entre les molècules d'una substància hi ha una certa atracció que pot mantenir-les juntes fermament en una posició fixa. És difícil separar-les i per això la substància és sòlida.

No obstant això, les molècules contenen energia de moviment, i vibren al voltant de la seva posició fixa. A mesura que augmenta la temperatura, les molècules guanyen més i més energia, i vibren més violentament. Finalment guanyen tanta energia que l'atracció d'altres molècules no les pot aguantar. Trenquen l'enllaç i es mouen per si soles, lliscant i passant entre altres molècules. El sòlid s'ha fos, s'ha convertit en líquid.

La majoria de sòlids són cristal·lins. És a dir, que no només fan que les seves molècules estiguin fixes al seu lloc, sinó que estan fixes en posicions regulars, en files i columnes. Aquesta regularitat es trenca quan les molècules guanyen energia suficient per separar-se, i el sòlid es fon.

Normalment, la situació regular de les molècules en un sòlid cristal·lí és un cert tipus d'ordre compacte. Les molècules s'atepeeixen juntes amb poc espai entre elles. Una vegada s'ha fos la substància, però, les molècules, en lliscar entre elles es donen cops i s'empenyen. L'efecte general de l'empenta és forçar totes les molècules a allunyar-se una mica més entre elles. La substància es dilata i la seva densitat disminueix. Llavors, en general els líquids són menys densos que els sòlids.

Dit d'una altra manera, els sòlids es dilaten quan es fonen i els líquids es contrauen quan es congelen.

Molts d'ells, això no obstant, depenen de com estiguin col·locades les molècules en forma sòlida. En el gel, per exemple, les molècules d'aigua estan distribuïdes en una formació especialment fluixa. Les molècules estan en una formació tridimensional que en realitat deixa «forats».

A mesura que augmenta la temperatura, les molècules queden lliures i comencen a moure's cadascuna pel seu compte, amb els cops i empentes de rigor. Això podria ferles apartar, si no fos que també les fa anar cap als forats. En omplir els forats, l'aigua líquida ocupa menys que el gel sòlid, a pesar de les empentes moleculars. Quan es fon un metre cúbic de gel, només es formen 0,9 metres cúbics d'aigua.

Com que el gel és menys dens que l'aigua, flota en l'aigua. Un metre cúbic de gel s'enfonsa en aigua fins que 0,9 metres cúbics són sota la superfície de l'aigua. Això fa que es desplacin 0,9 metres cúbics d'aigua líquida, que pesen el mateix que el metre cúbic sencer de gel. Ara l'aigua fa flotar el gel i els 0,1 metres cúbics restants romanen sobre el nivell de l'aigua. En general això és el que passa amb el gel. Qualsevol peça de gel flotarà en aigua tenint aproximadament una dècima part sobre la superfície de l'aigua i nou dècimes parts a sota.

Aquesta circumstància resulta molt beneficiosa per a la vida en general, ja que, tal com estan les coses, si es forma gel en una massa d'aigua, flota a la superfície. Aïlla les capes més profundes i redueix la quantitat de calor que s'escapa de sota. De resultes d'això, l'aigua més profunda normalment no es glaça encara que el temps sigui molt fred. En canvi en èpoques més caloroses, el gel flotant rep tot l'efecte del Sol i es desfà ràpidament.

Si el gel fos més dens que l'aigua, s'enfonsaria fins al fons a mesura que s'anés formant, i quedaria al descobert una altra capa d'aigua, que s'aniria congelant. Encara més, el gel al fons de l'aigua no tindria possibilitat de rebre la calor del Sol i fondre's. Si el gel fos més dens que l'aigua, les reserves aqüàtiques del planeta estarien gairebé totes congelades encara que la Terra no estigués més lluny del Sol com ara està.

89. Què són les piles de combustible? Quins avantatges presenten en generar electricitat?

Una pila de combustible és un dispositiu per generar electricitat, i, per entendre el seu valor, considerem separadament les paraules «combustible» i «pila».

Per generar electricitat a partir d'un combustible com el carbó o el petroli, aquests primer s'han de cremar. L'energia produïda en cremar-se fa escalfar aigua fins a vapor, el qual s'utilitza per fer donar voltes a una turbina col·locada en un camp magnètic. Això produeix corrent elèctric. En altres paraules, estem convertint l'energia química del combustible en energia calorífica i després convertim l'energia calorífica en energia elèctrica.

En el transcurs d'aquesta doble conversió, es perd molta part de l'energia química inicial. Tot i així, el combustible és tan barat que tot i aquesta pèrdua no impedeix que puguem produir grans quantitats d'electricitat sense excessives despeses.

També és possible convertir energia química en energia elèctrica directament, sense passar per la calor. Per ferho, hem d'utilitzar una pila elèctrica. Aquesta pila consisteix en una o més solucions de productes químics a les quals se submergeixen dues barres metàl·liques anomenades elèctrodes. A cada elèctrode, hi té lloc una reacció química concreta en què s'alliberen o s'absorbeixen electrons. La pressió d'electrons a un dels elèctrodes és més elevada que a l'altre, de manera que si els dos elèctrodes es connecten amb un cable, els electrons circularan mitjançant aquest cable d'un elèctrode a l'altre.

Un corrent d'electrons com aquest és un corrent elèctric,

que continuarà tant temps com duri la reacció química a la cèl·lula. La bateria d'una llanterna és un exemple d'aquest tipus de piles.

En alguns casos, si un corrent elèctric és obligat a fer el camí invers per una pila un cop que aquesta s'ha esgotat, les reaccions químiques al seu interior es fan anar al revés, de manera que la pila pot emmagatzemar energia química i pot ser utilitzada per produir un corrent elèctric una altra vegada. Un exemple d'aquest tipus de piles reversibles són les bateries dels cotxes.

En una pila es perd molta menys energia química, ja que és convertida en electricitat en un únic pas. No obstant això, els productes químics utilitzats a les piles són tots bastant cars. El zinc és un dels components d'una bateria d'una llanterna, per exemple, i el plom és un dels components d'una bateria d'un cotxe. Si s'intentés utilitzar la quantitat suficient d'aquests metalls, o de semblants, per produir electricitat per a tota una ciutat, costaria milers de milions de dòlars cada dia.

Una pila de combustible seria un dispositiu en el qual es combinen les nocions de pila elèctrica i de combustible. És una pila en la qual les reaccions químiques no involucren metalls cars, sinó combustibles barats. L'energia química d'aquests combustibles es converteix en energia elèctrica en un únic pas, amb molta menys pèrdua que en el procediment comú de dos passos. La quantitat d'electricitat disponible per a la humanitat es pot multiplicar substàncialment.

La dificultat rau en què és difícil preparar una pila de combustible que treballi d'una manera segura de veritat. S'han preparat piles en les quals l'energia elèctrica s'obté a partir de la combinació d'hidrogen i oxigen, però l'hidrogen encara és massa car. S'ha utilitzat monòxid de carboni en comptes d'hidrogen i és una mica més barat. Més recentment s'han preparat piles que comporten la combinació d'aigues residuals i oxigen sota la influència d'una acció bacteriana. Segurament, la creença de convertir les aigues residuals en electricitat és apassionant i solucionaria dos problemes: abaratiria l'energia i disminuiria els residus.

Encara queda molt per fer abans que les piles de combustible siguin pràctiques de veritat, però representen una de les millors esperances del futur.

90. **Què són les vitamines i per què les necessitem?**

Per entendre les vitamines hem de començar amb els enzims. Aquests són molècules que actuen accelerant canvis químics determinats en el cos. Els enzims es presenten en milers de varietats, ja que cada canvi químic és ajudat per un enzim diferent.

Per controlar un canvi químic es necessita només una quantitat molt petita d'enzim. La maquinària química del cos està connectada intrínsecament, i l'alentiment d'un canvi químic concret a causa de la manca d'algun enzim particular pot donar com a resultat una malaltia seriosa o fins i tot la mort.

Majoritàriament, les molècules d'enzim poden ser construïdes fàcilment pel cos a partir de substàncies presents a gairebé tots els productes que es mengen. No hi ha perill que se'ns acabin si no ens estem morint materialment de gana. Tanmateix hi ha un però.

Alguns enzims contenen certs àtoms poc usuals que formen part de la seva estructura. Aquestes combinacions d'àtoms normalment es troben només en els enzims i per això només es necessiten en quantitats molt petites, ja que els enzims només es necessiten en petites quantitats.

Però el cos n'ha de tenir. Si una d'aquestes combinacions d'àtoms hi és en una quantitat massa petita, els diversos enzims que la utilitzen deixaran de funcionar. Alguns canvis químics començaran a fer-se malament i com a conseqüència es produirà una malaltia i, finalment, la mort.

El perill rau en el fet que tot i que la majoria de les molècules d'enzim poden ser fabricades pel cos, aquestes combinacions particulars d'àtoms no ho poden ser. Han de ser absorbides, intactes, amb el menjar. Un ésser humà pot posar-se malalt i morir si el seu menjar no conté petites quantitats d'aquestes combinacions poc usuals d'àtoms.

La primera vegada que es va descobrir aquest fet a principis del segle vint, no es coneixia la naturalesa química d'aquestes combinacions d'àtoms. Es creia que com a mínim algunes provenien d'un tipus de substàncies anomenades «amines». Per això se les va anomenar «vitamines» («amines de la vida»).

Les plantes són la font bàsica de vitamines. Les plantes fabriquen *totes* les substàncies dels seus teixits a partir de compostos químics molt senzills com diòxid de carboni, aigua, nitrats, etcètera. Si no poguessin construir cadascuna de les vitamines a partir de zero, no podrien viure.

Els animals, no obstant això, poden menjar plantes i utilitzar les vitamines que ja són als teixits de la planta. No han de fabricar-les ells necessàriament. Els animals emmagatzemen les vitamines que absorbeixen a on són més necessàries pel treball enzimàtic: al múscul, al fetge, al ronyó, a la llet, etcètera. Els animals carnívors obtenen les seves vitamines a partir de les reserves que les seves preses hervíbores han anat acumulant a poc a poc a partir de les plantes.

Hi ha un cert avantatge en el fet de no haver de fabricar les pròpies vitamines. Fabricar-les requereix la presència d'una important maquinària química a cada cèl·lula. Si aquesta és eliminada, hi ha més espai, per dir-ho així, perquè els animals desenvolupin la maquinària per dur a terme les moltes coses que les plantes no han de fer —acció dels nervis, contracció muscular, filtració del ronyó, etcètera.

El preu que es paga, tot i així, és la possibilitat d'una deficiència de vitamines. Si els éssers humans viuen amb una dieta pobre (sigui tant perquè els agrada com perquè és la que poden tenir) poden desenvolupar malalties com el beri-beri, l'escorbut, la pel·lagra, o el raquitisme — cadascun d'ells com a resultat del fet que la química del cos que es va parant a poc a poc a causa d'enzims que no treballen per manca d'una vitamina que falta.

91. **Com va començar la vida?**

No hi ha una resposta senzilla a aquesta pregunta, ja que quan la vida va començar, allà no hi havia ningú, per servir de testimoni visual. Tanmateix, podem fer anàlisis lògiques del problema.

Els astrònoms han arribat a certes conclusions referents a la formació general de l'univers. Troben, per exemple, que està constituït aproximadament per un 90 per cent d'hidrogen i un 9 per cent d'heli. L'u per cent restant està constituït majoritàriament per oxigen, nitrogen, neó, argó, carboni, sofre, silici, i ferro.

Començant amb això i coneixent de quina manera es combinen probablement aquests elements, és raonable concloure que la Terra al començament tenia una atmosfera rica en certs compostos de l'hidrogen —vapor d'aigua, amoníac, metà, sulfur d'hidrogen, cianur d'hidrogen, etcètera. També hi hauria un oceà d'aigua líquida amb gasos atmosfèrics dissolts.

Per formar-se vida en un món així, les molècules simples que devien existir, s'haurien d'haver combinat per construir molècules complicades. En general, construir molècules complicades de molts àtoms a partir de molècules senzilles de pocs àtoms requereix un aport d'energia. La llum del Sol (particularment el seu contingut ultraviolat), en brillar a l'oceà, proporcionaria l'energia necessària per obligar les molècules petites a formar-ne de grosses.

Però *quines* de les grosses?

El 1952, un químic americà, Stanley L. Miller, va decidir provar de trobar-ho. Va preparar una mescla de substàncies com les que es creu que estaven presents a l'atmosfera primitiva de la Terra, i es va assegurar que estava estèril completament. Llavors la va exposar durant diverses setmanes a una descàrrega elèctrica que li servís de font d'energia. Al final va comprovar que la mescla contenia molècules una mica més complicades que aquelles amb les quals s'havia començat. Totes eren molècules dels tipus que es troben en els teixits vius i s'incloïen alguns aminoàcids, unes peces que agrupades constitueixen aquests compostos importants que són les proteïnes.

Des del 1952, molts investigadors, aquí i a l'estranger, han repetit l'experiment i han afegit refinaments i detalls. Han construït una varietat de molècules amb una diversitat de mètodes, i després han fet servir aquestes molècules com a punt de partida inicial per a construccions encara més complicades.

Totes les substàncies formades així han demostrat estar a l'autopista que va recta cap a les complicades substàncies de la vida: les proteïnes i els àcids nucleics. No s'han trobat substàncies que difereixin significativament d'aquelles característiques dels teixits vius.

Encara no s'ha format res que es pugui, fent l'esforç més gran d'imaginació, anomenar viu, però els científics només treballen amb uns pocs decilitres de líquid durant unes quantes setmanes cada vegada. A la Terra original, tot un oceà de líquid va estar exposat al Sol durant milers de milions d'anys.

Sota el flagell de la llum del Sol, les molècules de l'oceà van créixer gradualment en complicació, fins que, a la llarga, d'alguna manera es va formar alguna molècula que podia produir l'organització a partir de molècules més simples d'una altra molècula idèntica a ella mateixa. Així va començar la vida, i va continuar evolucionant gradualment fins a l'estat actual de les coses. Les formes originals de «vida» han d'haver estat molt menys complexes fins i tot que les formes de vida més simples d'avui en dia, però ho eren prou, de complexes. Els científics estan treballant durament ara per omplir els detalls d'aquell «d'alguna manera» del principi del paràgraf.

Sembla prou cert, tanmateix, que la vida es va desenvolupar, no com un miracle, sinó senzillament perquè les molècules es van combinar entre elles en una línia de mínima resistència. La vida no podia fer res més que formar-se sota les condicions de la Terra primitiva de la mateixa manera que el ferro no pot fer res més que rovellar-se amb l'aire humit. Qualsevol altre planeta que s'assemblés a la Terra físicament i químicament també desenvoluparia vida inevitablement —encara que no necessàriament vida intel·ligent.

92. **És possible una vida de silici?**

Tots els éssers vius des de la cèl·lula més simple fins a la sequoia més gran contenen aigua, que és de molt la seva molècula més abundant. Immerses a l'aigua hi ha molècules extremadament complexes anomenades proteïnes i àcids nucleics que semblen ser característiques de tota la vida tal com nosaltres la coneixem. Aquestes molècules tenen una estructura bàsica composta per cadenes i anells d'àtoms de carboni. Gairebé tots els carbonis tenen units un o més hidrògens. Una minoria dels àtoms de carboni, estan enllaçats amb combinacions d'àtoms que inclouen oxigen, nitrogen, sofre i fósfor.

Per dir-ho de la manera més senzilla, podem dir que la vida tal com la coneixem esta constituïda de derivats d'hidrocarburs en aigua.

La vida, pot estar constituïda d'alguna altra cosa? Podem trobar alguns altres tipus de molècules que proporcionin la complexitat i la versatilitat de la vida, alguna diferent de l'aigua que proporcioni les propietats poc corrents necessàries que serveixi com a fons de la vida?

Podem imaginar alguna cosa semblant a l'aigua que pugui realment substituir-la? L'amoníac líquid és el que més s'assembla a l'aigua en propietats. En un planeta més fred que la Terra, com Júpiter, on l'amoníac és molt comú i possiblement és líquid mentre que l'aigua és sòlida, podria concebir-se una vida basada en l'amoníac.

D'altra banda si l'àtom d'hidrogen està enllaçat a tants llocs a la cadena de carboni és perquè és tan petit que cap a tot arreu, a qualsevol esquerda o racó tancat. L'àtom de fluor és en certa manera igual que el d'hidrogen, i gairebé tan petit com ell. Pot tenir-se una química de fluorocarburs força semblant a la química dels hidrocarburs, excepte que els fluorocarburs són considerablement més estables que els seus hidrocarburs anàlegs.

Tot i així potser en un planeta més calent que la Terra podria ser concebible una vida de fluorocarburs.

Però què hi ha de l'àtom de carboni? Pot haver-hi un substitut per a ell? Cada carboni pot enllaçar-se com a màxim amb quatre àtoms diferents (incloent-hi altres àtoms de carboni) en quatre direccions diferents i és tan petit que els àtoms de carboni veïns estan suficientment a prop, de nucli a nucli, per formar un enllaç fort. És això el que fa que les cadenes llargues i els anells d'àtoms de carboni siguin estables.

El silici s'assembla molt al carboni. També pot enllaçar-se com a màxim amb quatre àtoms diferents en quatre direccions diferents. Tot i així, l'àtom de silici és més gran que el del carboni, de manera que els compostos silici-silici són menys estables que els compostos carboni-carboni. És molt menys probable que existeixin cadenes llargues i anells d'àtoms de silici que els seus anàlegs de carboni.

És possible tenir cadenes llargues i complicades d'àtoms en les quals estiguin alternats l'oxigen i el silici. A cada àtom de silici, poden enllaçar-s'hi dos altres àtoms o grups atòmics, aquest tipus de molècula s'anomena una «silicona».

Pot succeir que els grups d'hidrocarburs o de fluorocarburs estiguin units a la molècula de silicona, aquestes combinacions poden arribar a ser prou grosses, prou delicades i prou versàtils per formar la base de la vida. En aquest sentit, pot concebir-se una vida de silici.

Però aquestes altres formes de vida existeixen realment en algun lloc de l'univers? O bé existeixen formes de vida basades en químiques completament alienes que no tenen punts de semblança amb la nostra? Potser mai no ho sabrem.

93. **Per què es van extingir els dinosaures?**

Durant 150 milions d'anys, les criatures vivents més pròsperes de la Terra van ser uns certs rèptils grossos. Són els popularment anomenats «dinosaures». El rèptil terrestre més gros d'aquest tipus pot haver pesat fins a 85 tones. Els grans ictiosaures i plesiosaures dominaven el mar, mentre que els pterosaures volaven per l'aire amb ales de plomes gegantines de fins a sis metres d'envergadura.

Llavors, fa aproximadament uns 70 milions d'anys, es van arribar a extingir totes aquestes grans criatures. Això no va passar de la nit al dia, però va passar en un temps bastant curt —diguem un milió d'anys. Altres formes de vida animal, com els peixos i mamífers i ocells primitius, no van ser afectats. Tampoc no ho va ser la vida vegetal.

S'han fet conjectures sobre per què va passar això, però només són conjectures. Amb certesa no ho sap ningú.

Hi ha qui pensa que el clima va canviar. Que on hi havia hagut un món suau, amb maresmes i mars poc profunds, es van formar muntanyes. La terra es va assecar, el mar es va fer més profund i les estacions van fer-se severes i extremes. És difícil de creure, a pesar d'això, que no haguessin quedat algunes àrees amb el clima adequat. I el mar no hauria d'haver estat afectat.

D'altres suggereixen que els primers mamífers menjaven ous de dinosaure i que això va acabar amb ells. (Però els rèptils marins eren vivípars). O potser es va desenvolupar vegetació nova que va cobrir la Terra, desplaçant la vegetació anterior més suau i suculenta. Pot ser que els dinosaures hervíbors no tinguessin el tipus de dentició necessària per rosegar les herbes noves més dures. Llavors un cop van començar-se a extingir els dinosaures hervíbors, també es van extingir els carnívors en veure més i més difícil el fet de trobar menjar.

També llavors potser els dinosaures van començar de sobte a experimentar un extraordinari nombre de mutacions. Com que moltes mutacions són per empitjorar, podien haver-se format tants dinosaures imperfectes que se n'extingís tot el grup.

Aquesta última explicació ha despertat un gran interès, però per què hi hauria d'haver un increment sobtat en el nombre de mutacions?

Una de les causes de les mutacions són les radiacions molt energètiques. La Terra és bombardejada constantment per raigs còsmics i aquests poden produir les mutacions que constantment apareixen avui en dia en els organismes. La taxa de mutació actual no és gaire elevada, però imaginem què passaria si una vegada de tant en tant arribés a la Terra un esclat de radiació.

K.D.Terry de la Universitat de Kansas i W.H. Tucker de la Universitat de Rice han assenyalat que si una supernova explotés a prop del sistema solar, la Terra podria veure's inundada de raigs còsmics. Estimen la freqüència amb la qual les estrelles es podria esperar que explotessin en supernoves i a quina distància poden estar, i han calculat que aproximadament cada deu milions d'anys (per terme mitjà) la Terra pot rebre una dosi de raigs còsmics d'una set mil vegades la dosi actual. Potser fa uns 70 milions d'anys, sobre el nostre planeta hi va ploure un paquet d'aquests raigs còsmics.

Però si fos així, per què només hauria d'afectar els dinosaures? Per què no podia també haver afectat altres criatures? Potser ho va fer, però pot haver passat que els dinosaures estiguessin tan especialitzats que tal vegada les mutacions a l'atzar en el seu cas fossin més letals que en altres criatures menys especialitzades.

I quin tipus de mutació pot ser la clau? Recentment, H. K. Erben de la Universitat de Bonn, a Alemanya, ha fet un suggeriment. Va assenyalar que en els darrers estadis de l'existència dels dinosaures, ponien els ous amb unes closques extremadament gruixudes. Això pot haver estat una anomalia deguda a una mutació. Les cries de dinosaure tenien dificultat per sortir de la closca i cada vegada en neixien més i més pocs. Entre aquesta i altres mutacions similars, va extingir-se tot el grup de magnífiques criatures.

94. Quina és la diferència entre un cervell i una computadora? Pot pensar, una computadora?

La diferència entre un cervell i una computadora es pot expressar en una sola paraula: complexitat.

El gros cervell dels mamífers és la cosa més complicada, per la mida que té, que coneixem. El cervell humà pesa uns mil tres-cents grams, però en aquests mil tres-cents grams hi ha deu mil milions de neurones i cent mil milions de cèl·lules més petites. Aquests milers i milers de cèl·lules estan interconnectades en una xarxa molt complicada que encara no podem arribar a desembullar.

Fins i tot la computadora més complicada que l'home hagi construït mai no pot comparar-se en complexitat amb el cervell. Els interruptors de les computadores i els components estan a la ratlla dels milers més que dels milers de milions. Encara més, l'interruptor de la computadora només és un dispositiu d'obert-tancat, mentre que la cèl·lula del cervell té una estructura interna enormement complexa.

Pot pensar una computadora? Això depèn de què es vulgui dir amb «pensar». Si resoldre un problema matemàtic és «pensar», llavors una computadora pot «pensar» i ho fa més de pressa que un home. Naturalment, molts problemes matemàtics poden resoldre's bastant mecànicament repetint certs processos senzills una i altra vegada. Fins i tot les computadores actuals més senzilles poden ser preparades per fer això.

Sovint es diu que les computadores només solucionen problemes perquè estan «programades» per fer-ho. Els nostres gens ens «programen» en el moment que es forma l'òvul fertilitzat, i les nostres potencialitats estan limitades per aquest «programa».

El nostre «programa» és tanmateix tan més enormement complex, que potser ens estimem més definir el concepte «pensar» en funció de la creativitat que fa falta per escriure una gran obra o compondre una gran simfonia, concebre una brillant teoria científica o un judici ètic profund. En aquest sentit, certament les computadores no poden pensar ni tampoc no poden fer-ho la majoria dels humans.

Segurament, però, si una computadora pot fer-se tan complexa com un cervell humà, podria ser l'equivalent d'un cervell humà i fer tot allò que pot fer un cervell humà.

Suposar qualsevol altra cosa és suposar que hi ha més en el cervell humà que la matèria que el compon. El cervell està constituït per cèl·lules amb una certa disposició i les cèl·lules estan constituïdes per àtoms i molècules en certes disposicions. Si aquí hi ha alguna cosa més, no se n'han detectat senyals. Així duplicar la complexitat del material del cervell és duplicar tot el que hi ha en ell.

Però quant temps es tardaria a construir una computadora suficientment complexa per duplicar el cervell humà? Potser no tant com alguns pensen. Molt abans d'acostar-nos a una computadora tan complexa com el nostre cervell, potser construirem una computadora que sigui com a mínim prou complexa per dissenyar una altra computadora més complexa que ella mateixa. Aquesta computadora més complexa podria dissenyar-ne una encara més complexa i etcètera, i etcètera.

En altres paraules, un cop passem un cert punt crític, les computadores assumiran el poder i hi haurà una «explosió de complexitat». En un temps molt curt després d'això, podran existir computadores que no només dupliquin el cervell humà, sinó que el sobrepassin de molt.

I després què? Bé, la humanitat no està fent una feina gaire bona per fer anar bé la Terra . Potser, quan arribés el moment, hauríem de quedar-nos elegantment asseguts i deixar les coses en mans d'algú que pugui fer-ho millor. I si no ens quedem asseguts, potser senzillament la Supercomputadora es mourà i ens hi farà quedar.

95. **Quina és la velocitat del pensament?**

Això depèn del que es vulgui dir amb «pensament».

Es pot voler dir imaginació. Jo em puc imaginar que sóc aquí a la Terra i llavors un segon més tard imaginar-me que sóc a Mart o a Alfa Centauri o a prop de qualsevol quasar llunyà. Si això és el que es vol dir amb «pensament» llavors es pot argumentar que pot tenir qualsevol velocitat fins a l'infinit.

Però realment vostè no és transportat aquesta distància, oi? Jo mateix em puc imaginar present a la formació de la

Terra però això no vol dir que hagi viatjat a través del temps. Em puc imaginar al centre del Sol, però això no vol dir que jo pugui existir realment sota aquestes condicions.

Per tal que la pregunta tingui un significat en sentit científic, s'ha de definir «pensament» de manera que pugui tenir una velocitat que pugui ser realment mesurada amb mètodes físics.

Per exemple, l'única raó per la qual es pot pensar és perquè hi ha impulsos que es transmeten de cèl·lula nerviosa en cèl·lula nerviosa. Qualsevol acció que depengui del sistema nerviós depèn d'aquests impulsos. Si vostè toca un objecte calent, aparta la mà; però no pot fer-ho fins que la sensació de calor ha anat de la mà al sistema nerviós central i llavors un altre impuls nerviós va del sistema nerviós central als músculs.

El «pensament» inconscient implícit —«Noto alguna cosa calenta, i seria millor que tragués la mà o si no quedarà seriosament danyada»— pot no ser més ràpid que el temps que tarda l'impuls nerviós a cobrir la distància necessària d'anada i tornada. Per tant, hem d'entendre que la «velocitat del pensament» és la «velocitat de l'impuls nerviós» o en cas contrari no hi haurà resposta.

Ja el 1846, un gran fisiòleg alemany, Johannes Müller, en un atac de pessimisme va resoldre que la velocitat de l'impuls nerviós mai no podria ser mesurada. Sis anys més tard, el 1852, un dels seus antics deixebles, Hermann von Helmholts, va poder mesurar-la. Treballava amb un múscul que encara tenia el nervi unit. Estimulava el nervi a diversos punts i mesurava el temps que el múscul tardava a contraure's. Quan estimulava el nervi en un punt més distant del múscul, es retardava la contracció. A partir del temps de retard sabia el temps que havia tardat l'impuls nerviós a recórrer la distància addicional.

La velocitat de l'impuls nerviós depèn del gruix del nervi. Com més gruixut és el nervi, més ràpid va. També depèn de si el nervi està aïllat amb una beina de material gras. Un nervi aïllat condueix l'impuls nerviós més de pressa que un que no estigui aïllat.

Els nervis dels mamífers són els més eficaços del regne animal, i els millors nervis dels mamífers propaguen l'impuls nerviós a una velocitat d'aproximadament cent metres per segon o, si ho preferim, 360 quilòmetres per hora.

Aquest ritme pot semblar desalentadorament lent. La velocitat del pensament no és superior a la d'un avió antic d'hèlice. Però pensem que un impuls nerviós pot anar de qualsevol punt del cos humà a qualsevol altre punt i tornar en menys de 1/25 segons (excloent els retards de processament en el sistema nerviós central). La tirada més llarga d'un nervi de mamífer es dóna en la balena blava que medeix uns 30 metres de longitud, i tot i així qualsevol transmissió dins del cos pot ser duta a terme per l'impuls nerviós en poc més de mig segon. És prou ràpid.

96. **Què es vol dir amb «rellotges biològics» i com funcionen?**

A vegades a vostè no li cal mirar el rellotge. Quan té gana, sap que és l'hora de sopar. Quan té son, sap que és hora d'anar a dormir. Si ha fet un gran dinar, naturalment, pot passar bé l'hora de sopar abans que tingui gana. Si ha dormit fins tard o està en una festa emocionant, pot passar l'hora d'anar a dormir abans que tingui son. Però en condicions normals, se'n pot fer un càlcul molt exacte.

Hi ha un canvi cíclic a l'interior que fa que vostè tingui gana cada tant temps i son cada tant temps. Aquests canvis són força regulars, de manera que pot mesurar-se el temps (bastant aproximadament) per aquests cicles. Aquests cicles són un exemple de «rellotges biològics».

Són cicles constants en el món extern a l'organisme. El que es nota més és l'alternància entre la llum del dia i la foscor de la nit, però també hi ha un ritme dos cops al dia de les marees que varia en amplitud amb la fase mensual de la Lluna, i hi ha un cicle de temperatura que varia amb el període dia-nit i amb el període anual de les estacions.

És útil per a un organisme respondre a aquests canvis. Si ha de trobar el menjar a la nit o només a l'estació càlida, el millor que pot fer és dormir durant el dia o hivernar durant l'hivern. Si pon els ous a la platja, pot fer-ho més bé quan hi hagi marea alta i lluna plena. Fins i tot les plantes responen a aquests ritmes de manera que les fulles s'agarrofen quan es pon el Sol, les flors i els fruits arriben a una estació determinada, etcètera.

No podem creure que els organismes vivents facin totes aquestes coses conscientment. No diuen «És de nit, haig de dormir» o «Els dies s'escurcen, haig de fer caure les meves fulles». Més aviat hi ha cicles automàtics entre l'organisme que s'avenen amb els cicles astronòmics del món extern. Aquesta sincronització es produeix per selecció natural. Els animals o les plantes que tenen una bona sincronització es desenvolupen millor i tenen la possibilitat de tenir més descendència que els que tenen una sincronització pobre, de manera que és un factor que millora generació rera generació.

Els cicles interns existeixen fins i tot a nivell molecular. La temperatura del cos puja i baixa regularment, igual que la concentració de certs constituents de la sang, la susceptibilitat del cos a certes drogues, etcètera. La major part d'aquests cicles tarden aproximadament un dia a completar un moviment d'amunt i avall, i s'anomenen «ritmes circadians», nom provinent de la paraula llatina que significa «aproximadament un dia».

El cicle intern, està controlat pels ritmes ambientals? No del tot. Si un animal o una planta és col·locat en un entorn artificial en el qual s'ha canviat el ritme extern —on hi ha llum constant o temperatura constant— els ritmes continuen de totes maneres. Poden ser menys marcats o poden variar una mica del cicle estricte de 24 hores, però hi són. Els ritmes de l'entorn només actuen com un «control lleuger».

Els homes i les dones que viatgen llargues distàncies es troben en una zona del temps radicalment diferent, i els seus ritmes naturals no estan sincronitzats amb el període dia-nit. Això provoca alguns símptomes molestos fins que es reajusta el rellotge biològic.

Respecte a com funciona el rellotge biològic. Puc dir-ho en poques paraules: *No ho sap ningú!*

Hi ha algun tipus de reacció química periòdica al cos? Si fos així, el rellotge hauria de variar amb la temperatura o amb les drogues, i no ho fa. És alguna cosa que està sincronitzada amb ritmes molt subtils del món exterior que persisteixen encara que suprimim les variacions de llum i de temperatura? Pot ser. Però si ho és encara no hem descobert la natura d'aquests ritmes.

97. **Quina és la diferència entre bacteris, microbis, gèrmens i virus?**

Els bacteris són un grup d'organismes unicel·lulars que els biòlegs agrupen sota el nom de «Esquizomicets». La cèl·lula bacteriana té una paret força semblant a les de les cèl·lules de les plantes, però sense clorofil·la. Per aquest motiu, sovint els bacteris s'ajunten amb altres plantes sense clorofil·la i es considera que estan entre els «fongs».

Els bacteris es distingeixen d'entre altres cèl·lules de plantes en ser extremadament petits. De fet, inclouen les cèl·lules més petites que existeixen. A més a més, no tenen un nucli diferenciat, sinó que tenen material nuclear escampat per la cèl·lula. Per aquest motiu, a vegades se'ls agrupa amb cèl·lules de plantes molt simples anomenades «algues verd-blaves, que també tenen el material nuclear escampat, però que a més a més tenen clorofil·la.

Cada vegada és més comú agrupar els bacteris amb altres criatures unicel·lulars més grosses, per formar una classe de criatures que no són considerats ni plantes ni animals. Aquests constitueixen un tercer regne de vida, els «protistes». Alguns bacteris són «patògens», que vol dir que provoquen malalties. La major part dels tipus, però, no ho són i en realitat sovint són molt útils. La fertilitat del terra, per exemple, depèn en gran mesura de l'activitat dels bacteris que viuen al sòl.

Un «microbi» és, parlant correctament, qualsevol forma de vida microscòpica, ja que prové de dues paraules que en grec volen dir «vida petita». L'expressió «germen» encara és més general, ja que significa qualsevol fragment petit de vida, encara que formi part d'un organisme més gran. Per exemple, aquella part d'una llavor que conté la porció viva és el germen; així parlem del «germen de blat». També, l'òvul i l'espermatozoide, que porten les petites espurnes de vida que a la llarga produiran un organisme complet, són anomenades les «cèl·lules germinals».

A la pràctica diària, no obstant això, tant microbi com germen són utilitzats com a sinònims de bacteri i, en realitat, s'apliquen particularment als bacteris causants de malalties.

La paraula «virus» prové de la paraula llatina que significa «verí». Aquesta etimologia prové del temps en què els biòlegs no sabien exactament què era un virus, però sabien que certes preparacions contenien alguna cosa que provocava malalties.

El virus difereix del bacteri i de tots els altres organismes perquè no està composat per cèl·lules. És molt més petit que una cèl·lula, només té la mida d'una molècula grossa. Està constituït per un anell d'àcid nucleic envoltat per una capa de proteïna. En això, s'assembla als cromosomes d'una cèl·lula, de manera que pot mirar-se un virus com un «cromosoma lliure».

Els cromosomes controlen la química de la cèl·lula; i el virus, una vegada entra dins la cèl·lula, estableix un control per compte propi. En general poden sotmetre tota la química de la cèl·lula als seus propòsits, fent que tota la maquinària cel·lular faci més virus. Sovint en aquest procés es mata la cèl·lula.

Els virus, a diferència dels bacteris, no poden viure independents. Només poden multiplicar-se a l'interior de les cèl·lules. Tots són paràsits. El mal que fan en alguns casos pot passar inadvertit; però en d'altres es produeixen malalties greus.

98. **Com es van descobrir els virus?**

Cap als anys 60 del segle passat, el químic francès Louis Pasteur va proposar la «teoria germinal de les malalties». D'acord amb aquesta teoria, totes les malalties contagioses eren causades i propagades mitjançant una minúscula forma de vida que es multiplicava en l'organisme malalt, passava d'aquest organisme a un de sa, i el feia emmalaltir.

Tanmateix, Pasteur estava treballant amb la malaltia mortal «ràbia» (també anomenada «hidrofòbia») i va descobrir que, tot i que la malaltia era contagiosa i es podia contraure amb la mossegada d'un animal rabiós, no es podia trobar un germen associat a ella. Pasteur va concloure que hi havia un germen, però que era massa petit per ser vist amb els microscopis que tenia.

Altres malalties també semblava que no tinguessin germen, probablement per la mateixa raó. Un exemple n'era la «malaltia del mosaic del tabac», que atacava les plantes del tabac i produïa un dibuix en forma de mosaic a les fulles com a símptoma. Si es trituraven les fulles, podia extreure's un suc que podia produir la malaltia en plantes sanes de tabac, tot i que aquest suc no contenia cap germen que pogués ser vist al microscopi.

Fins a quin punt es podia confiar en els microscopis als límits de visibilitat? Un bacteriòleg rus, Dmitri Ivanovski, va atacar el problema d'una altra manera el 1892. Va utilitzar un filtre de porcellana sense vidriar que pararia qualsevol cosa que fos grossa per ser vista amb els microscopis de l'època. Va fer passar pel filtre l'extracte infecciós de les plantes de tabac malaltes i va trobar que el que havia passat pel filtre *encara* infectava les plantes sanes de tabac. Ivanowski va pensar que potser el filtre era defectuós i no es va atrevir a concloure que hi havia gèrmens que eren massa petits per ser vistos al microscopi.

El 1898, un botànic holandès, Martinud Beijerink, independentment va intentar el mateix experiment i va obtenir exactament el mateix resultat. Va acceptar la validesa de l'experiment i va decidir que fos el que fos el que havia provocat la malaltia del mosaic del tabac, consistia en partícules tan diminutes que podien passar pel filtre.

Beijerink va anomenar «virus» el líquid que provocava la malaltia, que prové de la paraula llatina que significa «verí». Com que el líquid podia passar a través d'un filtre sense perdre el seu caràcter verinós, el va anomenar «virus filtrable». A la llarga aquest terme no va ser aplicat al líquid sinó a les partícules causants de la malaltia que hi havia en ell. Llavors es va perdre l'adjectiu i les diminutes partícules que causaven la malaltia van ser anomenades simplement virus.

De totes maneres, quina és la mida de les partícules? Beijerinck va pensar que no podien ser molt més grosses que les molècules d'aigua, de manera que qualsevol cosa que deixés passar les molècules d'aigua també deixaria passar els virus.

La prova d'això la va fer el 1931 un bacteriòleg britànic, William Elford. Va fer servir membranes de col·lodió amb les quals podien preparar-se forats microscòpics de qualsevol mida. Va passar fluid que contenia virus a través de les membranes de col·lodió i va trobar que podia preparar una membrana amb forats tan diminuts per on poguessin passar les molècules d'aigua, però no les partícules de virus. Elford va trobar que tot i que el líquid original transmetia la malaltia, el que passava a través d'aquell filtre ja no la podia transmetre.

D'aquesta manera es va conèixer la mida d'una partícula de virus. Era menor que les cèl·lules més petites, tan petita que podia consistir només en unes poques molècules. Aquestes molècules, no obstant això, eren molècules gegants.

99. Per què les cèl·lules de la sang són reemplaçades cada pocs mesos mentre que la majoria de les cèl·lules del cervell duren tota la vida?

La maquinària per a la divisió cel·lular és enormement complicada. El procés implica nombrosos passos en els quals desapareix la membrana nuclear, un cos petit que es diu centrosoma es divideix, els cromosomes formen rèpliques d'ells mateixos, són agafats en el fus format pels centrosomes dividits, i ells mateixos s'ordenen en dos costats oposats de la cèl·lula. Llavors s'ha de formar una nova membrana nuclear a ambdós costats mentre la cèl·lula es constreny al mig i es divideix en dues.

Els canvis químics que tot aquest canvi porta implícits són sens dubte encara més complicats. Només als últims anys hem començat a resoldre'n algun. Encara no tenim ni la més lleugera idea de quin pot ser el canvi químic, per exemple, que fa que les cèl·lules deixin de dividir-se quan ja no es necessita divisió. Si en sabéssim la resposta, podríem solucionar el problema del càncer —que és un desordre del creixement cel·lular, i inhabilitar les cèl·lules perquè deixessin de dividir-se.

Una criatura tan complexa com l'home té (i ha de tenir)

cèl·lules que estan especialitzades extraordinàriament. Les cèl·lules poden dur a terme certes funcions que poden realitzar totes les cèl·lules però que en cada cas ho fan fins al límit. Les cèl·lules musculars han desenvolupat fins al límit la capacitat de contraure's, les cèl·lules nervioses la conducció de l'impuls elèctric, les cèl·lules del ronyó la de permetre que hi passin certes substàncies químiques i certes no. De manera que molta de la maquinària d'aquestes cèl·lules ha d'estar subjecte a alguna funció especialitzada i senzillament no queda lloc per a la maquinària de la divisió cel·lular. Aquestes cèl·lules, i totes les cèl·lules que assoleixen un cert grau d'especialització, han de parar de dividir-se.

En general, un cop un organisme ha fet el creixement complet, ja no necessita tenir una mida més grossa i per tant en general no necessita més cèl·lules.

No obstant això, algunes cèl·lules estan sotmeses a un desgast continuat. Les cèl·lules de la pell sempre estan en contacte amb el món extern, les cèl·lules de la membrana intestinal freguen amb el menjar que passa, els glòbuls vermells de la sang toquen les parets dels capilars. A cada cas, la fricció i altres infortunis passen factura. En el cas de la pell i les membranes intestinals, les cèl·lules que són a les capes més internes han de mantenir l'habilitat de dividir-se de manera que hi hagi cèl·lules noves que puguin reemplaçar les velles que cauen. A la pell, de fet, les cèl·lules superficials moren abans de caure de manera que la capa més externa de la pell és morta, però és una protecció a prova del temps. En els llocs on la fricció és particularment gran, la capa morta s'agrupa en una durícia.

Els glòbuls vermells de la sang no tenen nuclis i, per tant, els manca la maquinària que fa dividir la cèl·lula, que està concentrada invariablement en els nuclis. A molts llocs del cos, tanmateix, sobretot al moll de certs ossos, hi ha cèl·lules els nuclis de les quals poden dividir-se i formar cèl·lules filles que poden, en canvi, perdre els seus nuclis gradualment i esdevenir glòbuls vermells a la sang.

Algunes cèl·lules que normalment no es divideixen quan s'ha arribat a l'època adulta de totes maneres retenen la capacitat de fer-ho, en cas que es necessiti una reparació de sobte. Així, un os que fa molt temps que ha parat de créixer pot començar a fer-ho un altre cop després de trencar-se, només durant el temps necessari per reparar el trencament, i després parar. (Quina llàstima que les cèl·lules nervioses no puguin fer el mateix).

El temps que viuen unes cèl·lules en concret abans de ser reemplaçades depèn, normalment, de la naturalesa i de la intensitat de les tensions a les quals estan exposades, de manera que és difícil donar temps de vida exactes. (S'ha comprovat que sota certes condicions la pell externa de la planta del peu d'una rata és reemplaçada completament en dues setmanes). Una excepció és el glòbul vermell, que està subjecte a un desgast continu i constant. El glòbul vermell humà té un temps de vida força predictible d'aproximadament 125 dies.

100. **Quina és la finalitat de l'envelliment?**

Sembla una deshonra haver d'envellir i de morir, però aparentment és inevitable. Els organismes com nosaltres en realitat estan dissenyats per fer-se vells i morir ja que les nostres cèl·lules sembla que estiguin «programades» pels seus gens per experimentar aquests canvis gradualment en el temps que nosaltres anomenem envelliment.

Pot servir per a alguna cosa l'envelliment? Pot ser beneficiós?

Bé, la propietat més sorprenent de la vida, a part de la seva mera existència, és la seva versatilitat. Hi ha éssers vius a la terra, al mar, i a l'aire, als dominis polars —a tot arreu. Fins i tot és possible dissenyar entorns com aquells que podem pensar que existeixen a Mart o a Júpiter i trobar-hi formes simples de vida que poden sortir-se'n per sobreviure en aquestes condicions.

Per tal d'assolir aquesta versatilitat, hi ha d'haver canvis constants a les combinacions de gens i a la seva pròpia natura. Quan els organismes unicel·lulars es divideixen, cadascuna de les dues cèl·lules filles té els mateixos gens que tenia la cèl·lula original. Si els gens passessin com a còpies perfectes de divisió en divisió per sempre, la natura de la cèl·lula original mai no canviaria independentment de la freqüència amb què es dividís i redividís la cèl·lula. Tanmateix, la còpia no sempre és perfecta; hi ha canvis a l'atzar («mutacions») un cop de tant en tant, i gradualment, a partir d'una cèl·lula progenitora, es formen diferents races, varietats, i a la llarga, es formen espècies («evolució»). Algunes d'aquestes espècies sobreviuen millor que altres en un entorn particular, i d'aquesta manera les diferents espècies ocupen els nínxols ecològics per tota la Terra.

Algunes vegades els individus unicel·lulars bescanvien trossos de cromosomes entre ells. Aquesta versió primitiva del sexe dóna com a resultat canvis en les combinacions gèniques, que a la llarga acceleren el canvi evolutiu. En els animals multicel·lulars, la reproducció sexual, en implicar la cooperació de dos organismes, va anar guanyant més importància. La producció constant de joves els gens dels quals són una mescla a l'atzar d'alguns d'un progenitor i alguns de l'altre va introduir variacions addicionals més enllà de les que són probables només per mutació. Com a resultat, el ritme de l'evolució es va accelerar molt i les espècies es van estendre ràpidament i eficaçment a nous nínxols ecològics o es van adaptar millor als antics explotant-los més eficientment que abans.

La clau per a això, llavors, era la producció de joves, amb noves combinacions gèniques. Algunes de les noves combinacions podien ser molt pobres, però aquestes no durarien gaire. Serien les combinacions noves extraordinàriament útils les que «arribarien a la meta» i acabarien amb la competició. Tanmateix, per tal que tot això funcioni més bé, la generació vella amb les seves combinacions de gens «sense millorar» no s'ha de mantenir en escena. Segurament, els més vells es moriran amb el temps, a causa d'accidents i del desgast general de la vida, però seria més eficaç si s'ajudés el procés.

Aquelles espècies les primeres generacions de les quals tenen cèl·lules que van ser dissenyades per envellir serien més eficients a l'hora de desfer-se dels vells i deixar el terreny net per als joves. Evolucionarien més de pressa i tindrien més èxit. Podem veure aquest desavantatge de la longevitat en nosaltres. La sequoia i el pi *Pinus aristata* que viuen milers d'anys gairebé estan extingits. L'elefant, de llarga vida, no té ni de bon tros l'adaptació que pugui tenir la rata, de vida curta; o la tortuga, que viu fins a arribar a molt vella, i el llangardaix, que té una vida curta.

Pel bé de les espècies (fins i tot de la humana), sembla millor que es morin els vells per tal que puguin viure els joves.

Amb perdó!

ÍNDEX
(els números donats es refereixen a les preguntes, no a les pàgines)